小户型

收纳设计指南

空间布局 + 收纳配置 + 尺寸剖析 + 案例解析

刘扬帆　编著

U0291476

江苏凤凰科学技术出版社·南京

图书在版编目（CIP）数据

小户型收纳设计指南 / 刘扬帆编著 . — 南京 ：江
苏凤凰科学技术出版社，2022.12
ISBN 978-7-5713-3315-7

Ⅰ．①小… Ⅱ．①刘… Ⅲ．①住宅－室内装饰设计－
指南 Ⅳ．①TU241-62

中国版本图书馆CIP数据核字(2022)第226746号

小户型收纳设计指南

编　　　著	刘扬帆	
项 目 策 划	凤凰空间／庞　冬　代文超	
责 任 编 辑	赵　研　刘屹立	
特 约 编 辑	代文超	

出 版 发 行	江苏凤凰科学技术出版社
出版社地址	南京市湖南路1号A楼，邮编：210009
出版社网址	http：//www.pspress.cn
总 经 销	天津凤凰空间文化传媒有限公司
总经销网址	http：//www.ifengspace.cn
印　　　刷	雅迪云印（天津）科技有限公司

开　　　本	710 mm×1 000 mm　1／16
印　　　张	12
字　　　数	192 000
版　　　次	2022年12月第1版
印　　　次	2022年12月第1次印刷

标 准 书 号	ISBN 978-7-5713-3315-7
定　　　价	69.80元

图书如有印装质量问题，可随时向销售部调换（电话：022-87893668）。

前言

将收纳融入住宅设计，打造井井有条的家

从设计系的学生，到家居自媒体的编辑，再到一个自由撰稿人，在深耕家居设计的这些年里，我有幸每一天都在和"形形色色的家"打交道，常常会被心思巧妙的设计所折服，有时候也会为居住在内的人而动容，因为我看到了家的万千有爱瞬间和沉淀下来的居住智慧与哲学。

家，是我们每个人都会参与设计的课题，这也注定家是一件极私人的事，每个人对它有着不同的理解，但万变不离其宗，这里不仅是情感的交融所，也容纳着琐碎的日常。于是我们在居住过程中不断探索：如何才能拥有更舒适、更理想的家居生活？

在过去的 30 年里，中国家庭的装修设计经历了从无到有又高速发展的变化。从 20 世纪 90 年代几乎千篇一律的布局，到如今的个性化、人性化以及智能化家居，人们越来越意识到设计的重要性。我们创造空间，空间反过来又会塑造生活在其中的人。深入研究无数个家居案例后，我深刻认识到房子的大小并不能决定居住其间的人的幸福感。一个家是否舒适，最重要的要看是否根据居住者的需求与习惯来设计的。

适合你的家居设计一定是每个角落都让你感到便利与舒适的：沙发让你感到放松，宽敞明亮的厨房在等待你去尝试新的菜品，整洁的书桌让你的工作更加高效……诚然，舒适的家居生活少不了整理和收纳来维持，但不能为了整理而整理，也无须过度收纳。毕竟，没有人喜欢被无休止的家务所支配吧！如何更便利地生活和更聪明地偷懒，才是我们的最终目的。

在如今高昂的房价与快节奏的生活中，每平方米的居住面积、每分钟的居家时光都显得尤为珍贵。在不大的空间里，我们更需要通过合理的收纳设计去节省空间与时间，将收纳融入住宅设计之中，毫不费力地打造出井井有条的生活。

写这本书的目的，是希望可以将自己这些年的积累进行梳理和沉淀，并通过手绘图的方式呈现出来。如果给你带来了些许家居灵感，帮助你更清晰地找到了适合自己的居住方式，那么我感到很荣幸。

追求家居的快乐，可以说是大部分人的最终目标。希望在你感到疲惫和沮丧的时刻，可以回到整洁温馨的家。

刘扬帆

目录

第 1 章

收纳基础
收纳设计应贴合空间特点

1 玄关收纳
真的不是定制一个鞋柜那么简单 · · · · · · · · · · · · · · 008

2 客厅收纳
其实你们家客厅不需要茶几 · · · · · · · · · · · · · · 023

3 厨房收纳
收纳的"重灾区",告别杂乱无序的厨房 · · · · · · · · · · · · · · 034

4 餐厅收纳
房子再小,也要有个餐边柜 · · · · · · · · · · · · · · 049

5 卧室收纳
换个思路布置卧室,衣柜、书桌全放下 · · · · · · · · · · · · · · 061

6 儿童房收纳
最无法偷懒的空间——会长大的儿童房 · · · · · · · · · · · · · · 071

7 卫生间收纳
保持洁净感——卫生间的极简收纳法则 · · · · · · · · · · · · · · 079

第 2 章

案例设计
将收纳融入住宅设计,让家井井有条

案例 01 55 m² 住下三代五口人,
两室改三室的空间收纳放大术 · · · · · · · · · · · · · · 092

案例 02 多功能活动区搭配立体式储物,
设计师为上海夫妻打造 60 m² 亲子之家 · · · · · · · · · · · · · · 100

案例 03 把家打造成沉浸式图书馆，
最好的学区房就是你家的书房   108

案例 04 35 m² 单身公寓竟然拥有
两室一厅 8 个功能区！   114

案例 05 中西分厨结合多功能书房设计，
60 m² 小家功能、"颜值"双逆袭   120

案例 06 用一个"趣味性装置"连通 5 个功能区，
让昏暗的三居室空间翻倍   126

案例 07 "85 后"青年 79 m² 的家：
全屋智能、一房多用，还能天天在家开派对！   134

案例 08 89 m² 极简的家，看似空无一物，
却暗藏超多收纳空间   142

案例 09 75 m² 简约风的家，
装下 1 人、1 猫和上千本书   148

案例 10 超能 50 m² 一居室，
从容变身两娃亲子之家   154

案例 11 66 m² 住三代五口人，巧妙解决共居难题，
还腾出一间独立音乐房   162

案例 12 77 m² 两人世界，装出 10 个功能区，
暗藏超多收纳细节   170

案例 13 家居博主 73 m² 的家：把空间"压榨"到极致，
还装了一个"宠物乐园"   178

案例 14 论日式收纳精髓，
我只服上海这个 55 m² 的一居室   186

设计公司名录（排名不分前后）   191

第 1 章

收纳基础

收纳设计应贴合空间特点

1　玄关收纳

2　客厅收纳

3　厨房收纳

4　餐厅收纳

5　卧室收纳

6　儿童房收纳

7　卫生间收纳

1

玄关收纳
真的不是定制一个鞋柜那么简单

　　"玄关"一词起源于中国，最早出自《道德经》的"玄之又玄，众妙之门"。后来被用在室内空间名称上，意指通过此过道才算进入正室。作为室内外的过渡空间，玄关面积虽然小，却能奠定人们对家的第一印象。此外，玄关的便利性又极大地影响着进出门的效率，玄关的收纳功能做不好，甚至还会影响到客厅以及其他区域的整洁性。

一个完美的玄关到底需要收纳什么？

无论多大面积的玄关，在布置之前，我们都要先问问自己：我要在玄关做什么？玄关其实是一个对储物要求非常高的区域，收纳的不仅仅是鞋，还包括进出门常用的各类杂物，以及其他空间不方便收纳的、比较脏的物品。事实上，大部分的小户型甚至连独立玄关都没有，在这种情况下，我们该如何规划储物空间？

收纳在玄关的物品

"无玄关"户型的3种布局方式

入户门与餐厅墙成直角，进门直面客厅或餐厅

在中小户型里，这是一种比较常见的无独立玄关的布局，这时可以靠墙做一个玄关柜来解决玄关收纳问题，满足基本的收纳需求。但往往小户型门口处的边墙宽度并不大，收纳能力非常有限。在这种情况下，比起贴墙设置柜体的传统思维，更推荐"借用柜体凭空创造一面墙"的方式。

因为玄关柜有一定厚度，靠墙放置必然占据更多空间，不方便进出，而把玄关柜本身当作一面墙，作为隔断划分出玄关，这样既可以拥有充足的储物空间，又能避免一进门室内空间被一览无余的窘境。

入户门与餐厅墙成直角

用一面顶天立地的定制柜作为玄关与客餐厅之间的隔断，靠墙设置悬空换鞋凳，与玄关柜采用连贯性设计，极简的造型在视觉上更显轻盈，下方还可以收纳常穿的鞋子。柜体中部镂空，形成台面置物空间，同时也给玄关引入了自然光。

在入户区放定制玄关柜，柜体中间镂空、透光，更显轻盈，靠墙特别定制悬空换鞋凳（图片提供：宏福樘设计）

如果空间允许，那么柜体在代替隔断墙的基础上，还可以进一步升级为立体的多面收纳柜。

多面收纳柜从正面看起来与普通柜体没有差别，同样采用镂空的设计，保证玄关有自然光进入，下部悬空，放置常穿换的鞋子。侧面和背面两个方向也被充分利用了起来，打造成立体式储物空间：侧面是专属包柜；背面挨着餐厅，可作为餐边柜使用。

进门处设计功能型立体玄关柜，正面柜子底部悬空，用来放常换的鞋子；侧面、背面做足收纳空间（图片提供：理居设计）

入户门与两边墙平行，一眼可望穿客餐厅

这种布局入户门两边墙面都有足够的宽度，一边可以设置玄关柜，一边可设计穿衣镜、挂衣区等，虽然也没有独立的玄关，但比较容易实现强大的收纳功能。

一般来说，柜子靠近入户门的部分会适当地做开放格或者半高设计，既方便一进门伸手即可放下随身的物品，又不会产生拥堵感。

入户门与两边墙平行

还有更合理的解决方案，例如利用两侧餐厅与客厅的储物柜厚度，围合出入户玄关，让室内空间更有隐私性，也让回家更有仪式感。柜体统一做成多面可用的，让玄关拥有两面储物空间。柜体中部镂空，方便放置随手的小物件，下方悬空，用来放置常穿的鞋子，避免频繁开关柜门，"无中生有"地打造了一个独立玄关区。客厅储物柜挨着沙发的一侧还在适当的高度上留出了开放格，承担了小边几的功能。

利用两面柜体围合出入户玄关，增加入户收纳空间（图片提供：理居设计）

玄关连接走廊，由走廊进入室内

玄关连接走廊，走廊狭窄，这大概是最难处理的一种类型。不过可以充分利用墙面空间去解决这一难题。

对于狭长的走廊来说，即使空间足够也不适合做双面的柜体，因为视觉上会非常逼仄。可以做一面墙的收纳柜，采用悬挂收纳。在定制柜体时，下方一定要悬空，方便收纳常穿的鞋子，不至于侵占原本就狭窄的走廊空间。

还可以做一整面墙的洞洞板，搭配可调节位置的挂钩，小到钥匙，大到衣物和书包等，都可以收纳下，灵活又有序，是功能强大的储物墙设计。或者选择成品超薄鞋柜，搭配换鞋凳、挂衣钩与穿衣镜，换鞋凳下方收纳常穿的鞋子，这样就组成了一个功能完善的玄关区。

玄关连接走廊

定制柜与洞洞板组合收纳（图片提供：安之见舍）

进门左手边采用定制柜和洞洞板相结合的设计，增加垂直收纳空间（图片提供：理居设计）

玄关柜的精细化分区

当我们规划出玄关的大致空间后，就需要按照物品的重要性来确认收纳的顺序。根据不同的收纳物品，空间的分配以及收纳柜内部的设计也要相应地做出变化。不同的物品也有不同的收纳技巧。

鞋靴类收纳

1. 确定鞋子的数量

家庭成员结构不同，家里的鞋子数量也完全不同，我们可以根据家庭成员结构来简单估算出普遍家庭将要收纳的鞋子数量。

家庭成员结构与需收纳鞋子数量关系表

家庭成员结构	两人世界	三口之家	两娃家庭	三世同堂
需收纳鞋子数量（双）	35～40	45～50	55～60	80 以上

2. 确定鞋柜的深度和层板高度

鞋柜的深度、宽度、层板高度由鞋子的尺寸和数量决定。根据人体工学来计算，我们常穿的鞋子长度基本在 30 cm 以内，再加上门板及背板的厚度，鞋柜深度在 35 cm 比较适合。如果想要放下鞋盒，那么鞋柜至少需要 40 cm 深。

尺码对照表（女性）

中国鞋码	34	35	36	37	38	39	40	41	42	43
脚长（mm）	220	225	230	235	240	245	250	255	260	265

尺码对照表（男性）

中国鞋码	38	39	40	41	42	43	44	45	46	47
脚长（mm）	240	245	250	255	260	265	270	275	280	285

男鞋的宽度一般不会超过 24 cm，女鞋的宽度一般不会超过 20 cm。 而鞋子的高度范围是最大的。

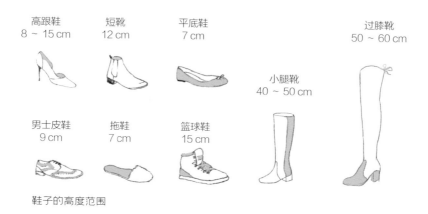

鞋子的高度范围

常规的层板间距是 16 cm，为了能放下不同款式的鞋子，还可以将鞋柜做成活动层板，可灵活调节层板间距。

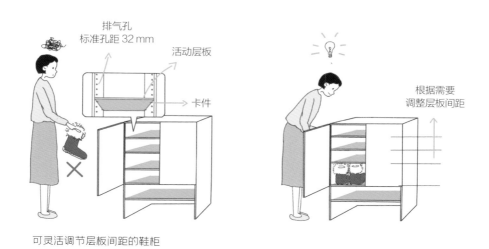

可灵活调节层板间距的鞋柜

鞋柜下方离地最好预留出一段距离或者做出开放格，方便放置拖鞋和常穿的鞋子，回家以后可以将换下的鞋子直接踢进去，不用开关柜门。毕竟只有收纳轻松方便，才有利于保持室内整洁。

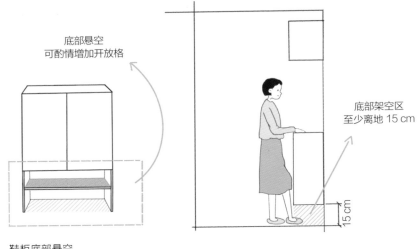

底部悬空
可酌情增加开放格

底部架空区
至少离地 15 cm

15 cm

鞋柜底部悬空

如果空间不允许，无法放下常规深度的鞋柜，也可以选用超薄鞋柜。常见超薄鞋柜有以下两种类型。

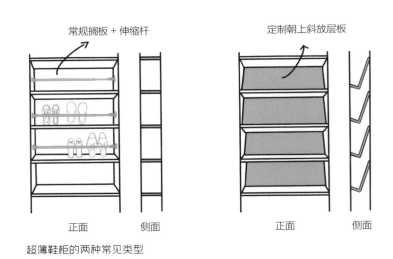

常规搁板 + 伸缩杆

定制朝上斜放层板

正面　　　　侧面

正面　　　　侧面

超薄鞋柜的两种常见类型

衣帽、包包类收纳

有一说一，你家的衣服是不是都堆在沙发上？在玄关设置挂衣区，往往是我们最容易忽略的部分。充足的挂衣空间十分必要，否则客厅的沙发上一定会堆满衣物。对于小户型来说，墙面挂衣钩远比落地挂衣架更节省空间，可以选择具有装饰性和设计感的款式。由于挂衣区只是临时储物，所以记得要定时清理，保持整洁。

也可以将挂衣区与储物柜一体化设计，做成内嵌挂衣区、换鞋凳的形式，同时换鞋凳做开放格设计，放置常穿换的鞋子，让玄关显得更有整体性。左下图中灰绿色区域借用了背后卫生间空间，加深了柜体，可以放下小朋友的脚踏车、老人买菜的小推车等。

或者将玄关一侧设置为一整面墙的洞洞板，由于洞洞板的灵活性收纳特性，搭配挂钩或置物板配件，几乎可以收纳下除了鞋子以外的所有物品。下方换鞋凳做成卡座形式，兼具储物功能。

挂衣区和储物柜一体化设计，换鞋凳下方做开放格（图片提供：本空设计）

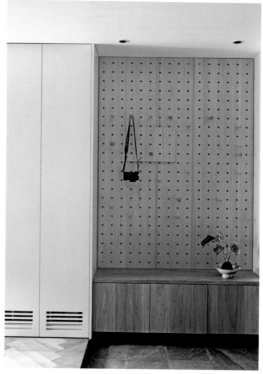

整墙洞洞板结合换鞋凳设计，洞洞板上可以收纳包包、衣帽（图片提供：拾光悠然设计）

在空间允许的情况下也可以做封闭式衣柜。换鞋凳右边的高柜中可以放置次净衣与大型快递箱，无论是进出门换衣服还是收取快递都很方便。左侧移门后还暗藏帽子、包包收纳区以及穿衣镜。

换鞋凳后面暗藏帽子、包包收纳区，其右侧是封闭式衣柜，收纳功能强大（图片提供：理居设计）

杂物类收纳

　　玄关处需要收纳的杂物可不少，钥匙、快递、雨伞……都是些重要的小杂物。对于常常忘记带钥匙、钱包等物品的业主来说，把这些杂物收纳在玄关处，就不需要在换好鞋之后两头跑了。

　　如果定制高柜，则建议在玄关柜中间留空，把物品收纳在低头就可以一眼看到、伸手就能拿取的高度，方便一回家就放下手上的物品。另外，还可以根据实际需求在玄关柜中增加小抽屉，抽屉的实用性非常强，特别适合收纳玄关的零碎物品。

柜体最右侧是通高柜，一旁的柜子中部镂空，还增加了抽屉设计（图片提供：安之见舍）

玄关柜中部镂空，下方设计了不同高度的抽屉（图片提供：拾光悠然设计）

清洁用品、户外用品类收纳

在玄关设置高柜，就意味着可以放下较大件的物品，甚至可以作为专门的家政柜。记得预留好电源，方便收纳吸尘器、扫地机器人等物品。家政柜的层板也可以采用活动层板，根据后期的收纳需求，灵活调整。

如果家有小推车等大件物品，或是比较脏的清洁用品、户外用品，还可以取消最下面的底板，方便将物品直接推入柜中，无须弯腰搬挪，也可以避免弄脏柜体。

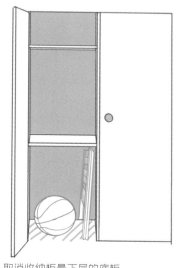

取消收纳柜最下层的底板

鞋柜结合高柜设计（图片提供：理居设计）

玄关高柜内部收纳清洁用品（图片提供：理居设计）

高柜内部要搭配合理的收纳盒

高处柜体中通常用来收纳一些不常用的生活杂物，可以采用透明或者带拉手的收纳盒，方便查找和拿取。换季的鞋子如果需要收纳在鞋盒中，推荐使用抽屉式鞋盒，牛皮纸或透明塑料材质都可以，尺寸种类多，各种鞋子都能收纳。

牛皮纸箱一定要选择有观察窗的款式

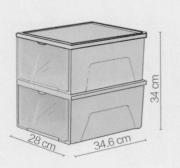

28 cm　34.6 cm　34 cm

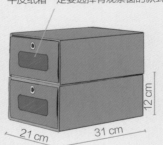

21 cm　31 cm　12 cm

化零为整——设计出更适合自己的玄关组合柜

　　一个能满足我们全部需求的玄关柜，往往由以下几个或者全部功能单品组成，比如吊柜、地柜、高柜、换鞋凳、穿衣镜等。

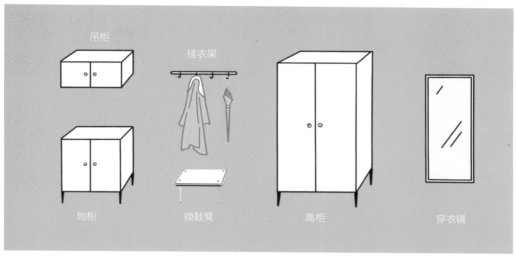

玄关柜功能单品

　　而从收纳的角度来讲，想要最大化利用有限的空间，最简单的方式就是定制——根据自家户型的特点，量身定制一个功能齐全的玄关组合柜。下图展示了三种类型的玄关定制柜：基础型、进阶型和豪华型。

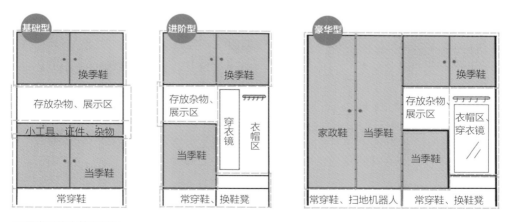

不同类型的玄关定制柜

内部搁板的深度无需将柜子全部占满

由于玄关柜深度往往比鞋子的长度要大，因此柜内搁板的深度不需要将柜格占满，深度在 30 cm 即可，哪怕鞋子凸出来一些也不会掉下去。这样可以在搁板和门板之间留出一段可利用的空隙，可以在门板内侧安装挂钩等收纳工具，存放一些小件物品，提高柜体内部的空间利用率。

减小搁板进深，提高空间利用率

功能超强大的"小仓库"设计

对于在玄关所收纳的物品较大、户外用品较多的业主来说，可以打造一个 2 m² "小仓库"。可以将小仓库理解为在玄关内造的一个小空间，用轻质隔墙隔出独立空间，内部采用轻量化的开放式置物架，最大化利用空间。尤其适合收纳物品较大、户外用品较多的家庭。

小仓库内部可以根据不同的家庭收纳需求，灵活设计，既能像传统玄关一样收纳鞋子、衣物和随身杂物，又能放大件物品，如婴儿车、小推车等。

入户小仓库，可以收纳大件箱子、被褥、衣服、鞋子等　（图片提供：TK and JV）

2

客厅收纳

其实你们家客厅不需要茶几

沙发、茶几、电视机，围绕这三样物品组成的布局，仿佛就是我们大多数人从小到大记忆里客厅的样子了。但这真的是最好的选择吗？作为在休闲、待客中充当重要角色的茶几，可以说是客厅的全能型"选手"。茶几本是为了满足置物需求而存在的，但令人不可思议的是，任何没有固定去处的物品最后都会顺手堆在茶几上，久而久之，这里便沦为各种杂物的聚集地。

不要低估客厅的收纳量

客厅在家中一般是面积最大的空间，但是其收纳空间却往往少得可怜。卧室有衣柜、厨房有橱柜、玄关有玄关柜，可在客厅……很难见到柜子。如果出现顺手将杂物放在茶几上，或者堆到沙发上的情况，那么说明客厅没有规划设计好收纳。

因此，千万不要低估客厅所收纳的物品种类和数量，在规划客厅空间之前，不妨先列出一张收纳清单。

收纳在客厅的物品

重新规划客厅布局，休闲活动更丰富

取消茶几，空间更宽敞

小户型的客厅面积通常都不大，多半也不常用来待客。让客厅变得整洁、宽敞最一劳永逸的方法就是取消茶几。现代居家生活拥有了更丰富的休闲娱乐方式，很多人希望客厅可以拥有更多的功能，以便在其中进行聚会、健身、体感游戏等活动。

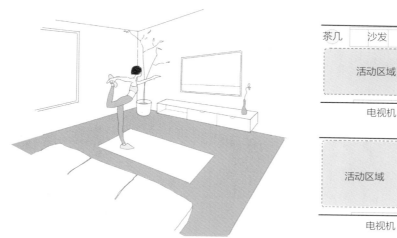

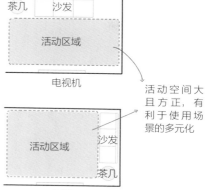

活动空间大且方正，有利于使用场景的多元化

取消茶几，丰富休闲活动

将沙发居中放置，作为软隔断

直接将沙发作为客厅与餐厅、书房之间的隔断，这样客餐厅一体化的设计，不仅节省空间，还能保证公共空间动线流畅、视野开阔，也方便家人之间的互动交流。

在这个横厅中，设计师将沙发居中摆放，作为划分客厅和餐厅的界限（图片提供：拾光悠然设计）

将沙发作为隔断，划分出会客区与儿童玩耍区，将客厅打造成回字形动线的亲子空间（图片提供：云深空间）

打造收纳型电视墙，解锁更多储物空间

客厅收纳的物品差异性较大，自由度也更高。一个好用的电视收纳墙，一定是根据人体工学大致划分好区域，并根据居住者的实际需求来设计柜体，确定每个格子的宽度、高度和进深。

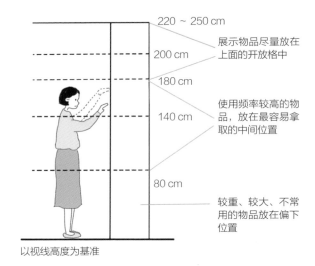

220 ~ 250 cm
展示物品尽量放在上面的开放格中

200 cm

180 cm
使用频率较高的物品，放在最容易拿取的中间位置

140 cm

80 cm
较重、较大、不常用的物品放在偏下位置

以视线高度为基准

收纳格的舒适尺寸

电视收纳柜的深度一般是30~50 cm，若无法确定收纳物品的高度，可以采用活动层板。通常定制柜由板材拼接而成，每一格的宽度最好不要超过 60 cm，太宽且没有支撑容易造成板材变形。

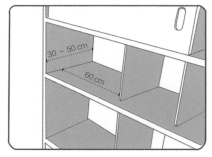

30 ~ 50 cm
60 cm

收纳格的舒适尺寸

为电源预留出收纳空间

客厅往往是放置电器设备较多的地方，电视机、投影仪、路由器、音响等，这些电器的电源要尽量集中在一起，预留出充足的插座，方便后期使用。

可将电源设置在开放格中，避免线路出现在台面上，还可以提前在电视墙内预埋线路管道，实现电器在视觉上的无线化效果。

在墙体内预埋线路管道，避免台面杂乱（图片提供：七巧天工设计）

藏露结合的设计理念

全封闭式收纳柜，不仅不方便拿取常用物品，还会在视觉上造成闭塞与压抑感。全开放式的柜体，很多人又会担心杂乱或者难以清扫，这时候不妨采用"藏八露二"的原则。

可把20%的东西展示出来，80%的物品藏起来，打造一面好看不乱的收纳电视墙。柜门可以采用无把手设计，用反弹器或隐形内嵌把手，让空间更显清爽、整洁。

客厅电视柜采用推拉移门设计，藏露结合，既保持了视觉上的清爽感，又增加了收纳容量（图片提供：云深空间）

客厅电视柜设计有藏有露，整体采用无把手设计，美观又实用（图片提供：安之见舍）

多做几个收纳抽屉

将比较零碎的物品直接放置于层板上或柜体中依然会十分杂乱。在不用弯腰就能拿取的柜子中部设计抽屉，生活体验感会大大提升。此外，抽屉和柜体开放格的设计搭配，也是避免客厅杂物堆积、实现精细化收纳的方法之一。

抽屉和开放格组合收纳（图片提供：拾光悠然设计）

小物品用抽屉进行收纳（图片提供：宏福樘设计）

提升收纳密度

根据柜格尺寸以及所收纳物品的尺寸选择收纳盒，将零碎的物品放置于收纳盒中并将收纳盒叠放，这样一来，物品的收纳容量就会翻倍。尽量选择同色收纳盒，以白色或透明色为佳。如果东西多且杂，还可以搭配标签纸进行分类，做到一目了然。

将收纳盒叠放，提高柜子的收纳密度（图片提供：TK and JV）

发掘更多收纳灵感，善用复合收纳功能

结合相邻空间的功能进行收纳设计

与相邻区域的储物功能进行一体化设计，将客厅收纳柜与餐边柜、玄关柜等结合，进行连续性收纳，使整个空间动线更加连贯、流畅。

玄关柜、餐边柜、展示柜一体化设计，功能强大（图片提供：拾光悠然设计）

集中在一面墙上进行储物柜设计，让空间看起来更"整"（图片提供：涵瑜设计）

结合居住者的爱好进行收纳设计

在客厅打造一面大书墙，是很多人的梦想。将所有书籍有序地收纳与展示出来，随手可取，有利于营造沉浸式阅读的氛围；用投影仪代替电视机，用一面书墙代替电视墙，也很适合有孩子的家庭，有利于从小培养孩子的阅读兴趣。

在客厅定制整面书柜，有如家庭图书馆，营造出良好的学习氛围（图片提供：境相设计）

2.5 m 长的桌子可以满足两人同时办公的需求，桌子上方做满吊柜，丰富收纳空间（图片提供：厦门磐石空间设计）

对于喜欢"空无一物"效果的业主来说，还可以通过设置折叠门将功能区隐藏起来。下图空间的业主是一名自由职业者，喜欢购物又偏爱极简风格，居家需要满足办公、拍摄等需求。设计师在客厅的定制柜门背后隐藏了一个小书房，这里既是办公学习区，也是拍摄区域，关上门，烦恼全无。

柜门背后隐藏着业主的办公区，关上柜门，衣柜与墙壁融为一体，让日常收纳成为一门艺术（图片提供：理居设计）

适度留白，柜子并不是越满越好

打造 L 形电视柜是比较常见的一种墙面留白方式，适当留白可以让空间更有呼吸感。横向地柜设计成抽屉，竖向柜子预留开放格，留白与藏露有度的柜子设计能降低空间的压迫感，保证整体的协调统一。

白色墙面与白色柜体形成材质对比，横向抽屉柜和竖向收纳格相得益彰（图片提供：宏福樘设计）

墙面适度留白，抽屉柜底部挑空，简约又不失创意（图片提供：境相设计）

开发客厅的隐形收纳区域

善于利用沙发背后的空间

电视背景墙和沙发的距离在 2.7 ~ 3.1 m 时，空间比例较为舒适。有的客厅开间能达到 4 m 以上，沙发和背后墙面之间还能有 1 m 左右的距离，这个空间也可以充分利用起来。

一般来说，50 ~ 60 cm 宽的过道即可满足一个人顺利通过，剩余空间可以放置一个半高的柜子，用来收纳客厅的杂物。此外，沙发不靠墙摆放还能形成回字形动线，空间更加灵活，互动性也更强。

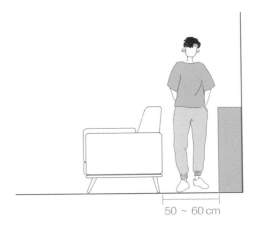

在沙发背后留出过道，设计储物柜

半高的储物柜底部悬空，上方搭配超薄的置物层板，扩充收纳空间的同时，还增加了空间的轻盈感（图片提供：云深空间）

把沙发往前挪 10 ~ 15 cm，沙发和墙壁中间就可以放一个缝隙柜。不要小瞧这点空间，不仅可以用来展示物品，还可以放常看的书籍、电视机遥控器、纸巾等，使用起来非常顺手。

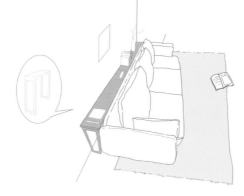

在沙发和墙之间设置缝隙柜

不要忽视飘窗地台

不要只把飘窗地台当休闲区了，可以充分利用地台下方的空间，方便收纳公共空间的杂物。结合客厅的飘窗打造 U 形收纳柜，将飘窗打造为休闲阅读区，这样沙发正对面的墙面就可以释放出来，做更多的个性化展示，提高空间利用率。

结合飘窗设计 U 形定制柜，休闲、收纳两不误（图片提供：涵瑜设计）

隔断区的置物架

用置物架充当客厅与其他空间的隔断也是非常实用的收纳方式，不仅不会影响采光和视野，还能将常用物品放置其中，两侧空间都可以用到，一举多得。

镂空置物架既是隔断，也是多面使用的储物柜，而且不会影响楼梯间的自然采光（图片提供：本空设计）

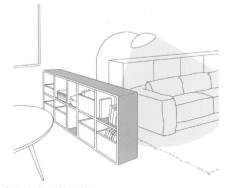

起隔断作用的置物架

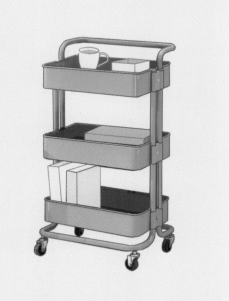

小贴士

善用小推车进行边角收纳

一个可自由移动的收纳小推车，可以在室内各个角落帮上大忙。在客厅可以放置零食、杂物、绿植等，还可以代替茶几，充当临时置物台。在厨房可以收纳各种瓶瓶罐罐，腾出更多操作台面空间。

小推车身形小巧，不占地方，灵活性和收纳性都很强，能充分利用边角空间。

厨房收纳

收纳的"重灾区"，告别杂乱无序的厨房

在小户型家庭中，厨房往往是面积很小的，也是对收纳设计考验最大的一个区域。厨房不仅要具有基本的烹饪功能，还要能进行科学收纳，同时还得便于清洁。厨房的物品种类和数量都比较多，包括家电、厨具、食品、清洁用品四大类。本节就来和大家分享一下厨房收纳设计的方法，教你把厨房变得更加整洁美观。

厨房布局设计中的"黄金三角区"法则

在厨房中，我们每天都会围绕着储存食物的冰箱、洗菜的水槽和烹饪的灶台这三个区域活动，而这三个区域构成的三角形，通常我们称之为"黄金三角区"。构成厨房三角区的三个顶点分别指水槽、灶台和冰箱。

无论厨房是何种布局，三点之间理想的距离是 90 cm，这样使用者能轻松往返。如果三点之间的距离过小，厨房空间会显得狭窄；如果三点之间的距离太大，使用者将被迫增加不必要的折返距离。这三个区域作为厨房的实际功能区域需要紧密联系，以便更容易地在它们之间切换操作。

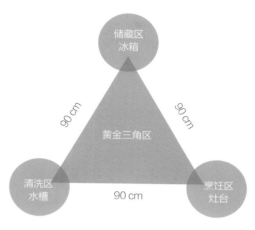

厨房"黄金三角区"

常见的厨房布局

厨房常见的布局是一字形、L 形、二字形和 U 形。一字形是小户型厨房常见的布局形式，"黄金三角区"被精简为一条直线；L 形布局能充分利用墙角空间，操作动线更流畅，属于小户型最实用的厨房布局方式之一；二字形布局通常会出现在面积较大的空间，可多人一起操作。在相同的面积里，U 形厨房的收纳空间和台面操作面积都是最大的，因此使用效率也最高。

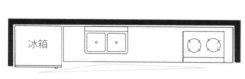

一字形厨房

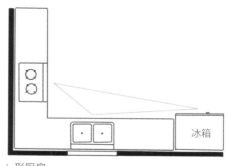

L 形厨房

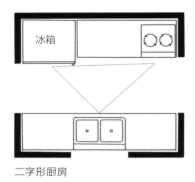

二字形厨房

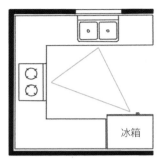

U 形厨房

如今越来越受年轻人喜欢的开放式中岛厨房，也需遵循"黄金三角区"进行布局。将中岛台面适当加深，安装一个小水槽，使其变身为中岛操作台，实用又美观。

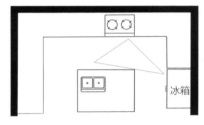

开放式中岛厨房

厨房的收纳可以这样做

多留意台面上的空间

确定好了厨房水槽、灶台、冰箱三点的位置后，还要多留意台面上的空间，台面上的操作空间是否够用对于烹饪来说非常重要。整个操作动线应按照"洗一切一炒"的顺序来安排。备菜区的宽度至少需要 75 cm，使用起来才比较舒适；水槽附近最好预留沥水区，方便放置刚清洗完的物品；最容易被忽视的是灶台两侧的空地，一定要为装菜预留好放盘子的空间。

装盘区宽度 20 ~ 40 cm
备菜区宽度不小于 75 cm（最低不能小于 50 cm）
沥水区宽度不小于 30 cm

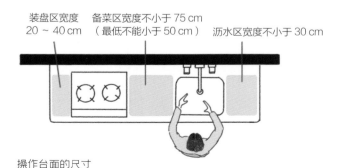

操作台面的尺寸

厨房物品按使用频率和重量进行收纳

厨房的收纳要根据物品的使用频率以及重量来做初步的规划，一般情况下，采取"吊柜放置重量小的物品、中间柜子放常用的物品、地柜放置重量大的物品"的原则。同时需要结合居住者的使用习惯，使用后是否便于放回原处也很重要。

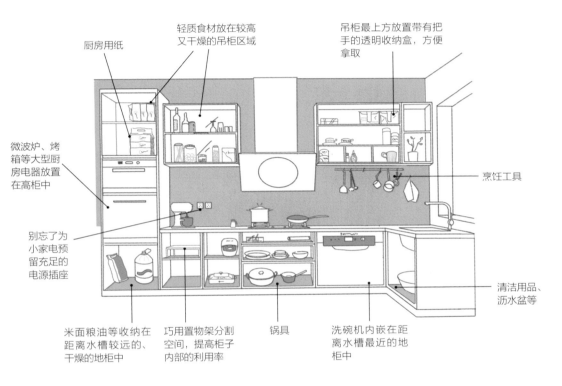

厨房用纸

轻质食材放在较高又干燥的吊柜区域

吊柜最上方放置带有把手的透明收纳盒，方便拿取

微波炉、烤箱等大型厨房电器放置在高柜中

烹饪工具

别忘了为小家电预留充足的电源插座

清洁用品、沥水盆等

米面粮油等收纳在距离水槽较远的、干燥的地柜中

巧用置物架分割空间，提高柜子内部的利用率

锅具

洗碗机内嵌在距离水槽最近的地柜中

厨房物品的收纳

吊柜和地柜应采用不同的进深，地柜一般进深 60 cm。吊柜可以根据使用需求设计，进深为 30 ~ 35 cm。一方面避免吊柜磕到头；另一方面吊柜过深，放置在内部的物品也不好拿取；最后，将吊柜做成浅柜在视觉上还可以降低压抑感。

吊柜底部距台面的距离建议在 60 cm。这个距离过低，不方便使用一些小家电，视野也会受阻；过高，吊柜中的物品就更不方便拿取了。

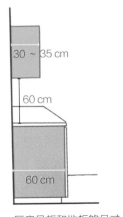

30 ~ 35 cm

60 cm

60 cm

厨房吊柜和地柜的尺寸

将吊柜柜门做成折叠门，开关更方便

厨房吊柜尽量不要做上翻柜门，因为普通身高的使用者很难开合。建议将吊柜柜门做成折叠门，这样打开后拉手位置不会过高，可有效避免因摸不到拉手而无法关门的情况。

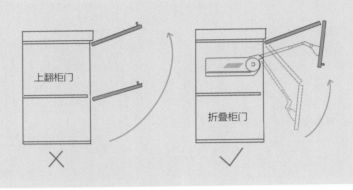

符合人体工学，打造高低台面

为了避免出现"弯腰洗碗、架着胳膊炒菜"的情况，厨房少不了高低台面的设计。洗菜和切菜时的主要受力部位是腰部，弯腰时间长的话，人会觉得很累，所以洗菜的水槽区和切菜的操作台面应适当高一些，做高台面地柜；炒菜时的主要活动部位是肘关节，所以烹饪区的高度要略低些，做低台面地柜。

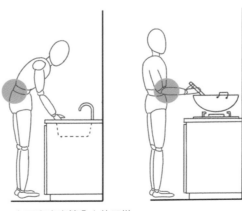

台面高度应符合人体工学

通常，地柜的标准高度是 80 cm（含台面），具体可以根据使用者的身高来定。根据人体工学公式，台面高度＝身高（cm）×0.54。比如使用者的身高为 165 cm，那么橱柜的台面高度应该是 89.1 cm，建议做到 90 cm。

另外，不同的人的上下身比例也不一样，还可以采用另外一种计算方法：手肘关节成 90° 后，再往下降低 5 cm 左右，就是高台面的高度。低台面比高台低 10 ～ 15 cm 比较合理，这样炒菜的时候会感到很省力。如果你不想做高低台，则建议按高台面尺寸来定制橱柜。

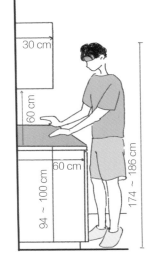

舒适的台面高度

露出来的收纳或许更加分

厨房的橱柜并不是越多越好，有时候适度留白会得到意想不到的效果。用开放式置物架代替部分吊柜，一来一目了然，便于拿取物品；二来可以舒缓空间的拥挤感。被释放的墙面经过设计，还能为整体空间创造出亮点。

在设计橱柜时可以采用分色设计的方法，选用颜色较浅的吊柜，可在视觉上弱化柜体的存在感，不失为一种让小户型显大的小技巧。

使用开放式置物架代替吊柜，适度留白，小厨房会更显大（图片提供：拾光悠然设计）

吊柜采用原木色和白色组合，同时做部分开放格，方便拿取常用物品（图片提供：拾光悠然设计）

可将地柜下方空出一部分，上方做网篮，收纳常温蔬果，下方用来放置垃圾桶。垃圾桶应设计在距离垃圾产生地最近的位置，比如厨房中间或水槽附近，不能影响行动路线以及整体美观，也可以在高柜下方预留好尺寸，将分类垃圾桶收纳在下方。市面上有不少隐藏在柜体中的垃圾桶，但不建议采用太过于隐蔽的垃圾桶存放设计，因为垃圾潮湿且异味重，要及时扔掉，避免被遗忘。

在厨房最右侧的地柜留空，放置垃圾桶（图片提供：理居设计）

在厨房高柜中提前预留垃圾桶位置（图片提供：拾光悠然设计）

抽屉、抽屉、抽屉！

一定要多做抽屉，抽屉可以进行分类收纳，使用起来非常方便。尤其是存放在地柜下方内侧的东西，如果不做抽屉，需要蹲下才能看到和拿取。通过多做抽屉来代替柜门和层板进行收纳，会大大提高物品的使用频率和便利性。

将碗筷、勺子等统一收纳在抽屉里，一目了然（图片提供 宏福樘设计）

餐具叠放的数量不要超过 4 个

虽然叠放很省空间，但如果餐盘和碗叠放得太多，那么下面的餐盘和碗基本不会被用到，尤其是大小不一的堆叠方式，拿取十分不便。如果放得太少，又会造成空间浪费，因此建议用置物架对柜格进行分层，来辅助收纳。（一模一样的碟子可以视情况超过 4 个）

将较浅的碗盘竖着收纳，拿取也非常方便；比较小的调料碟等可以用透明的 U 形储物盒集中收纳。

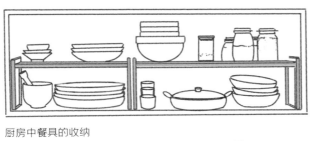

厨房中餐具的收纳

U 形储物盒

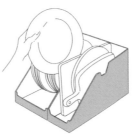

竖着收纳

将厨房用具悬挂收纳

做饭用的铲子、汤勺等烹饪用具以及清洁用具，是需要随手就能取用的，最适合的收纳方式是全部上墙，利用立面空间进行收纳。市面上有很多免钉挂件，可以轻松利用吊柜下方的空间。

厨房用具采用悬挂收纳

三种锅具的收纳方式

在需收纳的厨房物品中，锅是比较占空间的炊具了。锅根据大小形态可分成三类：小型、浅型和深型。小型锅往往是 1 ~ 2 人容量的单柄小奶锅，或是迷你的平底锅。这类小型锅建议直接上墙悬挂收纳，或用搁板分层收纳。

浅型锅通常指大部分的炒锅、平底煎锅等，这类锅底盘大，深度比较浅，适合竖着收纳在地柜的抽屉中。深型锅指炖锅、高压锅、电饭煲等，这类锅适合平放在柜体里，因此一定要提前预留好空间。

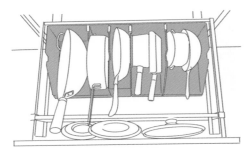

厨房锅具的收纳

关于厨房，或许还有你不知道的隐形收纳空间

可以尝试增加一排窄柜

对于操作空间不足的一字形厨房，可以在橱柜对面增加一排窄柜。窄柜的台面上专门放置小家电，中间过道留出约 1 m 宽的距离，两个人通过没问题。

普通地柜的进深是 60 cm，窄柜的进深可以做到 20 ~ 40 cm，占用的面积不大，却可以大大提高厨房的收纳率。还可以做一个小吧台，除了增加操作空间以外，还能作为简易的早餐台。

在一字形厨房中增加置物台，也可作为吧台，增加收纳空间（图片提供：宏福樘设计）

还可以增加一个厨房高柜

如今厨房电器的种类繁多，如果收纳柜设置得不合理，厨房电器就会占用大量台面空间。增加一个高柜，作为电器柜或零食柜都非常合适。高柜中部可以内嵌烤箱、蒸箱等大型电器，也可以收纳小家电，上下两部分还可作为储物柜，堪称收纳"大胃王"。

高柜中间内嵌蒸箱、烤箱，上下两部分用来收纳厨房常用物品（图片提供：宏福樘设计）

小家电的懒人收纳法

常用小家电的收纳难点莫过于摆在台面上占地方，放进柜子里每次用还要搬出来。解决办法是在橱柜中设计液压杆上翻柜门，柜内层板可抽拉，用来放置常用的小家电，使用时拉出来，用完推进去即可。

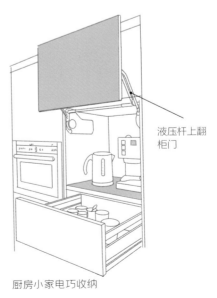

液压杆上翻柜门

厨房小家电巧收纳

也可以将小家电收纳在地柜中或岛台下方，用层板式抽屉进行收纳，这就需要在柜内提前打孔，且要在水电改造阶段就增加电位，使用时只需拉出层板抽屉即可，电饭煲等小家电不用再被拿上拿下，既节省台面空间，又方便使用。

利用层板式抽屉收纳常用小家电，记得预留电源插座（图片提供：理居设计）

将鸡肋的转角柜变废为宝

厨房地柜转角处虽然拥有充裕的收纳空间，却因柜体过深、难以拿取，经常被闲置。有三种常见的方法可以解决这个难题：内嵌拉篮、钻石形转角柜和联动门。内嵌拉篮是最常用的方式，美观、方便，常用的内嵌拉篮有旋转拉篮和子母拉篮。

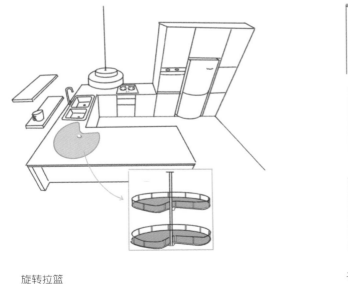

旋转拉篮

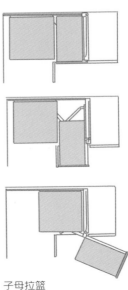

子母拉篮

钻石形转角柜就是将转角的柜体做成钻石形，柜门面朝 45° 的方向，可在一定程度上增加台面的操作空间，但柜体内部的收纳空间是不规则形的。

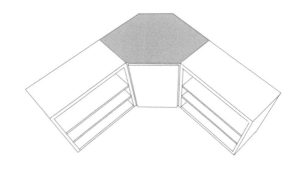

钻石形转角柜

联动门，可以实现双门联动，拉开后视角变大，里面的东西一目了然，可以充分利用橱柜转角柜内空间，比较适合存储大件物品。存放小件物品相对不太合适，不方便收纳和拿取。

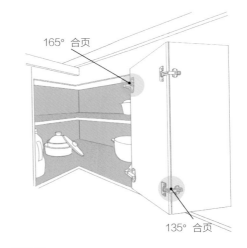

165° 合页

135° 合页

联动门

巧用水槽下方的空间

厨房水槽下方的区域过于狭小，由管道造成的畸形空间难以充分利用。由于距离水槽较近，我们存放的物品必须是防潮、防腐的，将清洁用品放在这个地方最合适。可以寻找尺寸合适的置物架或收纳盒来进行收纳，置物架的层板最好可以调节，以便灵活规避不同类型的管道。

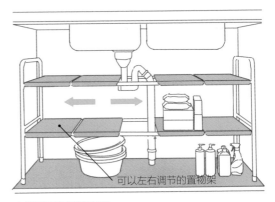

可以左右调节的置物架

水槽下方空间的利用

榨干冰箱旁边的收纳空间

冰箱旁边经常会因为某些原因留下或宽或窄的缝隙，可以利用缝隙柜来榨干每一寸可收纳的空间。在装修前规划好尺寸，定制拉篮式窄柜。市面上也有类似的带轮子的成品柜，抽拉、拿取非常方便。还有各式各样的磁吸收纳架，简单粘贴在冰箱侧面，厨房纸巾、保鲜膜、干货等小杂物都能收纳在这里，需要时一眼就能看到，丝毫不占空间。

成品窄柜

磁吸收纳架

利用天花板，创造更多收纳空间

对于很多做开放式厨房的家庭来说，吧台上方的空间其实是最容易被忽略的。提前在天花板内预埋好承重件，不靠墙也可增加置物架，用来放置器具或摆件等，增添收纳空间的同时，也让居室充满艺术气息。

立体式收纳，增加储物空间的同时，也让居室充满艺术气息（图片提供：拾光悠然设计）

打开厨房，扩充收纳范围

用柜体或吧台代替墙，隐性界定餐厨空间

设计师将厨房设计成开放式的，地柜可两面使用，朝向餐厅的一侧作为水杯、酒杯的收纳区，使用时可以就地拿取，用完后直接在上方的水槽中清洗，动线流畅。

柜体可双面使用，朝向餐厅一侧的柜子内用来收纳杯具，兼作餐边柜（图片提供：拾光悠然设计）

在开放式厨房中增加一个小吧台，既能分隔厨房与其他空间，又增加了功能空间。做个简餐、享用下午茶或是居家办公，都可以轻松实现。对于居住人口较少的一居室或者两居室来说，一个吧台即可代替餐桌。

在小户型中，可以考虑省去餐桌，直接代之以吧台，节省空间（图片提供：拾光悠然设计）

餐岛一体式设计

餐岛一体式设计遵循了"1+1 > 2"的设计法则。将餐桌紧挨着厨房岛台或吧台摆放，两者结合在一起不仅节省空间，还可以在使用时互相借用操作台面。烘焙或者备菜时，餐桌可以作为厨房操作台的延伸。家人聚餐时，厨房台面也可以作为餐桌旁的临时置物台。用餐时间以外，这里还可以用作亲子活动区、居家办公区等，充分实现一物多用。

餐岛一体式设计，岛台衔接开放式厨房和餐厅，补充操作台面和收纳空间（图片提供：涵瑜设计）

餐岛一体式设计，增加操作空间的同时，也让空间显得更加灵活（图片提供：拾光悠然设计）

餐厅收纳
房子再小，也要有个餐边柜

在以往的家庭室内设计中，餐边柜是一件被严重低估收纳能力的家具，很多人住惯了没有餐边柜的房子，可能会感受不到它的重要性。然而，当你用过了餐边柜，再来对比，你会发现居住体验相差太远了。如果餐厅没有餐边柜，那么必然各种杂物都会汇聚到餐桌上，用餐时再来清理餐桌，搬来搬去也不现实，不仅非常杂乱，还会占用用餐空间。

我们在餐厅都做些什么？

围绕用餐所需要收纳的物品

有研究表明，中国家庭餐桌的日常覆盖率普遍超过了20%。也就是说，不用餐的时候，餐桌上堆积着各种物品，比如水杯、水壶、纸巾、牙签、开瓶器及其他零碎的小物件。

食品类

饮品类

家电类

器皿类

生活用品类

装饰类

餐厅需要收纳的物品

进餐以外的活动也需列出清单

对很多家庭来说，餐桌除了用来解决一日三餐，也会在这里进行其他活动。举个例子，很多有孩子的家庭虽然也有专门的儿童房，但学龄儿童基本上都习惯在餐厅学习、写作业，方便家长随时在旁边辅导。认真思考每个家庭成员的生活习惯，罗列出大家将会在餐厅进行的活动，比如读书、工作、插花、亲子活动等，你会发现比想象中要多。因此，餐厅收纳设计要遵循"使用的地方就是收纳的地方"的原则，在餐桌附近为它们安排固定收纳位。

1. 办公、阅读

收纳的物品：笔、笔记本电脑、充电器、书籍、水杯、眼镜等。

2. 辅导作业、亲子活动

收纳的物品：文具、书籍教材、绘画用品、手工用品等。

3. 聚会、娱乐、玩桌游

收纳的物品：棋牌类桌游用品、饮料、小零食等。

你家餐厅适合哪种布局？

提到餐厅收纳，就不得不提餐桌和餐边柜的摆放方式，因为所有物品的收纳都是围绕着这两者展开的。一起来看看你家的餐厅更适合哪一种布局吧！

平行布局

餐边柜与餐桌平行摆放，这种布局比较适合室内面积在 90 ~ 150 m² 之间的中大户型，餐边柜与餐桌之间至少要留出 120 cm 宽的空间。

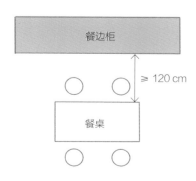

垂直布局

　　垂直布局是小户型餐厅常用的摆放方式。餐边柜靠墙，餐桌与餐边柜垂直摆放，餐边柜如同桌面的自然延伸，餐厅只要有 6 m² 就能实现。

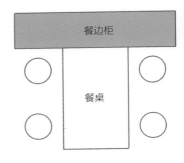

垂直布局

垂直分离布局

　　垂直分离布局的餐厅面积需要有 7 ~ 8 m²，餐边柜与餐桌一侧至少要留出 60 cm 宽的距离，方便一人自由通过。

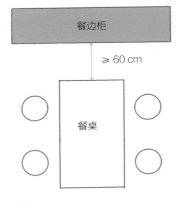

垂直分离布局

L 形布局和二字形布局

　　L 形布局和二字形布局是以上几种布局的组合变换形式，是在空间富余的情况下，最大化收纳空间的布局方式。如果餐桌上使用频率很高的物品较多，那么餐边柜距离餐桌越近越好，推荐垂直布局，伸手即可拿取。只有使用起来足够顺手，才能避免餐桌上堆满杂物。

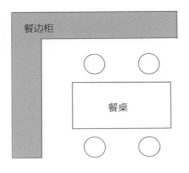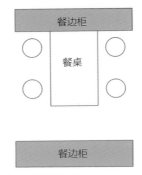

L 形布局和二字形布局

手把手教你"自定义"餐边柜设计

预留小家电操作空间

如今,家用小电器的品类越来越多,在设计上餐边柜最好能有一个台面(台面高度为85~90 cm),不仅方便使用,还可以进一步释放厨房的操作台面。如果使用顶天立地的高柜,记得设计成中部镂空,并预留充足的电源插座。

这里推荐滑轨插座——适合在餐厅与厨房中使用的五金,它可以任意调节插孔之间的距离,避免不同尺寸的电源插头"互相打架"。

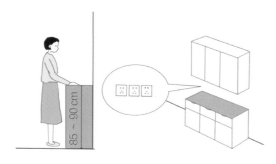

餐边柜

滑轨插座可以灵活增加插座数量,可避免插头"互相打架"(图片提供:理居设计)

可在吊柜上设计开放格,增加收纳的便利性,避免将太多杂物堆积在台面上。如果不想定制过多柜体,则可以采用壁挂式柜体与层板置物架组合的形式,既保证了收纳功能,又不会有过大的体量感。除了定制柜,还可以选择功能完备的成品餐边柜。有的成品餐边柜自带电源插座,足以满足普通家庭餐厅的基本收纳需求。

成品餐边柜也是一个不错的选择,可以实现多种分区收纳(图片提供:安之见舍)

悬空地柜与层板置物架组合,空间显得灵动轻盈,重新定义了餐厅美学(图片提供:七巧天工设计)

超实用的三段式餐边柜设计

　　三段式餐边柜是把柜体做成上、中、下三种不同的进深，中部的柜体进深是最小的。表面上看吊柜的整体收纳空间变少了，但是由于调整了吊柜的进深，取放物品更加轻松自如，实际使用率反而会大大提升。较浅的柜体也避免了物品因前后堆叠导致后面物品不方便拿取的窘境。可以在浅柜中放置常用的水杯、咖啡杯、茶具等，拿取非常顺手方便。

餐桌旁是三段式餐边柜，吊柜、地柜做不同的进深（图片提供：宏福樘设计）

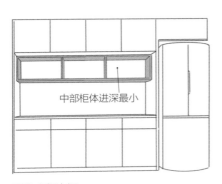

中部柜体进深最小

三段式餐边柜

餐边柜结合高柜设计，兼作西厨操作台，增强收纳的灵活性（图片提供：本空设计）

注意餐边柜的开启方式

由于餐边柜往往是紧挨着餐桌设置的，所以柜体的开启方式也需要着重考虑。如果距离餐桌较近，则建议采用推拉门或开放格代替平开门，以免影响柜门的正常开关，从而节省更多空间。

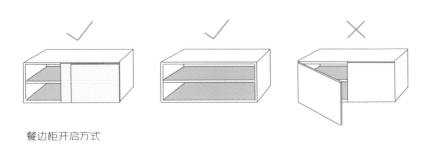

餐边柜开启方式

餐边柜较低矮的收纳空间可以多做抽屉，不用蹲下就可以拿取物品，提高空间利用率。如果你家的物品较为零碎，那么可以结合抽屉内部收纳件，能实现更井井有条的收纳效果。

抽屉内部收纳件可以灵活划分收纳功能区（图片提供：本空设计）

非常节省空间的卡座式储物柜

卡座非常适合用在面积较小的餐厅，不仅节省空间，还可以增加用餐的氛围感，卡座下方的空间还可以用来储物，一举多得。卡座一般都是定制产品，比起上翻式设计，更推荐将卡座下方设计成抽屉或者是柜门，拿取方便才能提高卡座的利用率。

卡座式储物柜

还可以将抽屉做到侧面，这样就不用担心餐桌影响抽屉的正常抽拉了

卡座式储物柜侧方收纳

还可以将卡座与其他空间进行一体化设计，量身定制符合居住者使用需求的餐厅收纳系统。在卡座上方安装吊柜或在卡座两侧设计高柜，储物能力满满。高柜中不仅能放下大件的物品，还可以充当家政柜。

将卡座嵌入餐边柜中，从而节省过道空间，让活动空间更宽敞（图片提供：境相设计）

提高卡座舒适度的小细节

从坐姿起立时，我们的腿并不是垂直于地面的，而是会先做一个后撤的动作，所以需在卡座下方留出这部分空间，或者将卡座直接做成斜面，除了考虑收纳功能外，也可以兼顾舒适度。

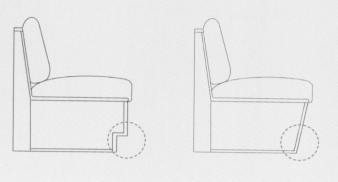

餐厅和岛台的关系，推荐这 3 种

厨房和餐厅的关系是密不可分的。传统的中式厨房往往是独立的一间房，封闭式设计令空间缺少互动性。对烹饪者来说，不一定需要家人进厨房帮忙做点什么，但还是希望有人陪着说说话，避免"孤独烹饪"。对于有孩子的家庭来说，也很需要在做家务的同时可以照看孩子。

岛台即餐吧

一人居住或两人家庭可以选择用吧台或中岛代替正式的餐桌，两者既可以作为厨房操作台的延伸，也能成为划分餐厨区的重要角色。岛台下方留空，方便放腿，餐边柜一侧可作为备餐操作台，另一侧又可以替代餐桌功能。

如果空间允许，还可以将吧台与定制高柜结合进行设计，在高柜侧面设置开放格，作为餐边柜。下方空间可以选择释放出来，使用感更佳，也保证了空间的通透感。

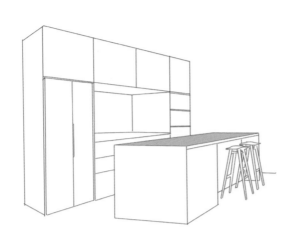

岛台餐吧相结合设计

从高柜中延伸出台面做吧台，增加空间延展
性和功能性（图片提供：七巧天工设计）

餐桌与岛台横向摆放

　　餐岛一体式设计，即餐厅和岛台相连，可以达到"1+1 > 2"的效果。用餐时，将岛台作为餐桌的有益补充，把暂时不用的餐具放在岛台上，为餐桌腾出空间，尤其是在多人聚餐的时候，体验感更佳。另外，还可以在岛台上增加水槽，可以在备餐时减少使用者的移动距离，也方便家人共同协作。在实际安装的时候，需要注意防水和排水问题。

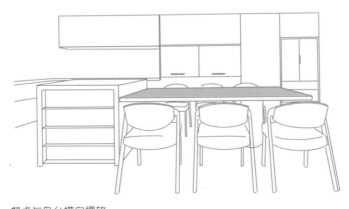

餐桌与岛台横向摆放

在岛台内设计水槽，缓解厨房用水的压力，用餐区的灵活度也随之提高（图片提供：宏福樘设计）

餐桌与岛台垂直摆放

将餐桌与岛台垂直摆放，岛台既可作为餐厅和厨房的隔断，又能兼作餐边柜使用。餐桌的高度通常为 75 cm，为了保证岛台的功能性和美观性，岛台与餐桌之间要有一定的高差，岛台高度在 85 ~ 90 cm 之间，一般不超过 95 cm。岛台的深度和长度没有严格的要求，可以根据使用场景和居住者的需求进行定制。

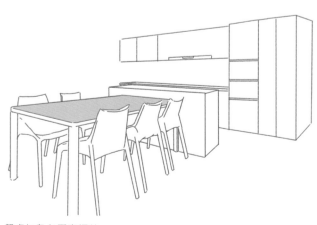

餐桌与岛台垂直摆放

岛台作为隔断巧妙界定了餐厅和厨房，朝向餐厅一侧做开放式格，兼作餐边柜（图片提供：宏福椊设计）

岛台外侧可以进行加高设计，打造成高低台面，增加吧台的氛围感（图片提供：TK and JV）

卧室收纳

换个思路布置卧室，衣柜、书桌全放下

除了睡眠功能，卧室还承担着衣物收纳功能。谈到卧室收纳，我们最先想到的就是衣柜和床头柜，但在设计上也容易受思维定式的影响：在床的两侧放置床头柜，再靠墙布置一排衣柜。如果你也这样想，那么很可能就会大大浪费宝贵的空间。小户型的卧室收纳可以采用连贯性设计。

连贯性设计是什么？即将卧室想象成一个大件家具，床、储物柜、梳妆台或书桌根据居住者的使用需求进行一体化设计，使功能更紧凑，让空间视觉面积达到"1+1 < 2"的效果。

连贯性设计

卧室设计要将"连贯性"思维贯穿始终

将衣柜和书桌、梳妆台进行连贯性设计

　　面积较小的卧室，只放一个衣柜和一张大床便已经很拥挤了，很难再在卧室中加入梳妆台或书桌。那有没有办法在卧室里同时摆下衣柜、书桌或梳妆台呢？可以通过定制柜体，缩短衣柜的长度，从衣柜里"伸出"书桌。定制家具的优点是充分利用不规则的墙面或顶面，化零为整，增加使用面积。

从衣柜中延伸出的悬空梳妆台，不仅能满足梳妆要求，还能作为办公桌（图片提供：七巧天工设计）

巧用定制柜修饰畸形墙体和承重梁，弱化承重梁的压迫感，增加收纳空间（图片提供：宏福樘设计）

意想不到的床头柜设计

　　小卧室面积有限，如果不加以留意，很有可能导致放下床头柜后衣柜门无法正常开启的情况。设计床头柜时，不一定要采用传统的对称结构，打破常规，也许会带来更多趣味性。最简单的解决方式是"改变衣柜"，将衣柜门做成上下两扇，上部作为常用空间，高度在床头柜以上，床头柜不影响柜门正常开启。

靠近床头柜的衣柜门上下分开，下方柜门略高于床头柜，形成良好的比例分割（图片提供：拾光悠然设计）

　　此外，还有两种实用又有趣的床头柜设计：一是将床头柜与衣柜设计为一个整体，将衣柜空出一角作为床头柜（别忘了在适当的位置设置电源，方便给手机充电）；二是善用床头后方的空间打造置物台，代替床头柜，从而释放床两侧的空间，这种情况通常适合宽度不足的卧室。

将靠近床头这一侧的衣柜做成开放格，悬浮于地面，让空间更有层次感（图片提供：宏福樘设计）

床、床头柜与书桌一体化设计，台面延伸至书桌，增加置物空间（图片提供：云深空间）

善用床头、床尾上方空间，缩减空间纵深

对于面宽或面长不能放下衣柜的卧室，可以利用垂直空间，将衣柜与床体结合进行连贯性设计，把柜体设计在床头或床尾上方，打造收纳衣橱，减少压迫感的同时，满足收纳需求。

床和衣柜连贯性设计，床头靠着衣柜，收纳能力翻倍，尽显空间轻盈之美（图片提供：云深空间）

围绕飘窗台的储物设计

围绕飘窗做储物柜也能增加收纳空间，借用柜体围出飘窗，柜体可以采用开放式和封闭式相结合的形式，打造卧室的小小"居心地"。

利用飘窗定制薄柜，飘窗下方做收纳抽屉或收纳柜，在这里看书，再合适不过了（图片提供：理居设计）

衣柜内部如何划分才更合理？

挂衣区是刚需

衣柜里总有那么几件长款大衣、真丝裙、西服等容易出现褶皱的衣物，我们要根据衣物的种类、数量以及长短，预留出足够的挂衣区。空间允许的话，挂衣区最好分为长衣区和短衣区。衣柜下方建议多定制抽屉，裤架建议选择可抽拉的款式，方便拿取、整理下方的衣物，提高衣柜下半部分的使用便利性。

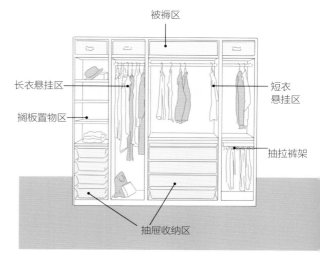

被褥区
长衣悬挂区
搁板置物区
短衣悬挂区
抽拉裤架
抽屉收纳区

衣柜内部分区

尽量减少层板收纳

很多定制厂家还是会在衣柜中设计很多层板。除非专门用来收纳包包，否则对大部分人来说，层板需要耗费大量精力叠放衣服，容易成为衣柜里的"重灾区"。即使不习惯或不喜欢悬挂收纳，也可以多增加抽屉，而不是层板。对于已经做了层板的业主来说，可以通过搭配相应尺寸的收纳箱、收纳盒来提高衣柜内部的利用率。

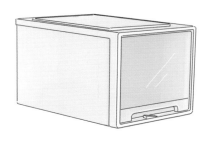 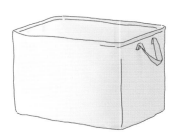

可用于有层板衣柜的收纳箱和收纳盒

记得划分次净衣收纳区

你家卧室的椅子上是不是总能"长"出不少衣服？那一定是没有设置次净衣收纳区。穿过一次且还不到清洗程度的隔夜衣服应该如何处置？除了使用落地衣架、收纳篮，还可以在衣柜中设置开放式次净衣区，既可以与干净衣物区隔收纳，又方便继续穿着。

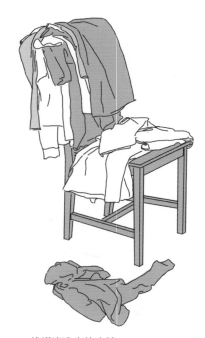

堆满次净衣的座椅

衣柜顶天立地，容量足够大，特别留出开放区放置次净衣，清清爽爽（图片提供：理居设计）

开放式挂衣区位于卧室进门处，动线流畅，收纳方便（图片提供：七巧天工设计）

设置个性化的衣柜收纳区

除了衣物、床品，有些业主还想要衣柜具有特定物品的收纳区，比如专门的包柜，或者在衣柜里收纳行李箱、挂烫机等。可以根据自己的需求预留好尺寸，避免出现衣柜里空着，外面却乱堆乱放的现象。

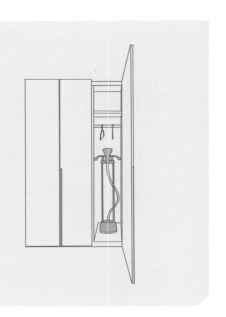

打造"轻配置"衣橱

衣橱和普通衣柜最大的区别就在于，普通衣柜是一个家具，而衣橱往往更像是一个用墙体或隔板围合出的空间。衣橱内部可以根据自己的需求安装层板、挂衣杆、抽屉和柜体等，进行"轻配置"，如同迷你衣帽间。

推拉移门不占衣橱空间，搭配开放的货架式收纳架，更加经济实用（图片提供：拾光悠然设计）

通顶白色柜门搭配隐藏式折叠滑轨，视觉上更加简洁（图片提供：TK and JV）

小家人口多，应增加床位而不是增加房间

一张书桌和大床始终占据着次卧。担心偶尔有亲戚、朋友留宿？其实在房子不大的情况下，需要增加的是床位而不是卧室。

每次拿取东西需掀开榻榻米床垫

榻榻米到底是否鸡肋？

榻榻米虽然是在国内住宅设计中很流行的元素，却备受争议。因为榻榻米虽然能增加储物空间，但又不是特别好用。储物空间又大又深，每次拿取物品都需要把床垫掀起来，只能放一些不常用的被褥等。

在小户型空间中使用榻榻米确实是一个不错的选择。设计时，可以把床体靠外侧的空间做成抽屉或滑轮箱（从侧面抽拉），提高储物空间的使用率。注意榻榻米和窗台、衣柜之间要预留出床垫厚度的空间，避免造成柜门打不开的窘况。

将榻榻米侧面设计成抽屉，方便拿取物品，灵活收纳（图片提供：宏福樘设计）

可以考虑在空间中加入隐形床

可以在书房或多功能房内结合定制柜设计安装一个隐形床——将床体装在墙上。不用时隐藏在柜体中，与一般的柜子看起来无异，为空间扩容；需要使用时将墙面上的隐形床拉下来，多功能房间秒变卧室。

隐形床收纳方便轻松，为美化、节省空间提供了更多的可能性（图片提供：宏福樘设计）

儿童房收纳

最无法偷懒的空间——会长大的儿童房

在设计儿童房时，人们往往会陷入一个误区，就是把儿童房当成一个缩小版的成人卧室。事实上，成年人与孩子对收纳的需求大不相同。一般成年人卧室多是要满足衣物、包包等的收纳需求，而儿童房除了要收纳衣物外，还需要收纳孩子的书本、玩具、收藏品等物品，更重要的是，我们不能忽略孩子的成长属性。

儿童房设计的基本原则

儿童房设计的基本原则是：根据孩子不同年龄段的特点来进行设计。儿童房的装修设计是一个持续的过程，无法一劳永逸，要根据孩子不同年龄段深入探究其生理、心理成长对空间功能的需求，从长远的角度规划，进而做出合理又有弹性的方案。在布局儿童房前，需要先对家庭未来 10 年的发展状况做一次综合性的评估。

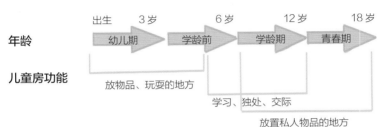

不同年龄段孩子对空间功能的需求

不同年龄段儿童房的收纳设计重点

有了孩子后，家庭生活的重心会开始围绕着"育儿"展开；孩子逐渐长大，独立性会越来越强，需要属于自己的空间。真正适合孩子的儿童房一定是不断变化的。儿童房需要满足孩子睡觉、玩耍、学习和收纳四大基本功能，在不同的年龄段，功能设计有不用的侧重点。

0—3 岁孩子儿童房的收纳设计重点

儿童房的布置要从"低视角"——孩子的视角出发，0—3 岁孩子的家长需要留意物品的摆放位置，应将其放在孩子能够得着的地方。尤其是玩具收纳，只有遵循"低视角原则"，才能帮助孩子养成自主收纳的好习惯。收纳柜设计在房间活动区 2 m 之内比较合适。

矮柜方便孩子边玩边收纳，养成良好的收纳习惯 （图片提供：宏福堂设计）

0—3 岁的儿童房只要简单放置组合式矮柜即可，留出更多空间给孩子玩耍，初步建立收纳整理的意识（图片提供：宏福樘设计）

3—6 岁孩子儿童房的收纳设计重点

3—6 岁的孩子处于学龄前阶段，可以开始有意识地培养他们的自主收纳与学习能力了。在布置此阶段孩子的儿童房时，需要为孩子准备适合的儿童桌椅，便于孩子坐着读书，也可以画画、做手工等。同时配备小型收纳柜或组合收纳柜，放置绘本和玩具，有助于从小培养孩子整理的习惯。

书桌、书柜高度要方便孩子使用，简单配置低矮的收纳柜即可（图片提供：七巧天工设计）

6—18 岁孩子儿童房的收纳设计重点

6—12 岁的孩子正式进入了学龄阶段，儿童房的布局将从以前的"活动区＋阅读角"的模式过渡到"书房＋卧室"模式。这个时期我们可以通过定制家具，充分利用空间，满足孩子的个性化收纳需求。可适当地设计开放式收纳空间，方便孩子收纳和展示自己私有的物品。

12—18 岁的孩子正处于青春期，设计时更要注重空间的隐私性，学习和收纳空间都要更加充足。

将大件衣物收入衣柜，衣柜下部设计为开放格，兼具书柜的作用（图片提供：拾光悠然设计）

衣柜和书桌一体化设计，悬浮式书桌不会占用太多空间，收纳、学习两不误（图片提供：厦门磐石空间设计）

儿童房收纳设计的正确打开方式

采用封闭式收纳，降低收纳门槛

对于有孩子的家长来说，经常经历刚整理完，房间立马就又堆满各种玩具和绘本的"噩梦"。在儿童房收纳这件事上，想要高效又美观，最好采用封闭式收纳。尽量选择抽屉、收纳箱和组合式收纳柜，而非开放式置物架。这样做的好处是降低收纳门槛，提高收纳柜的空间利用率；而且物品不容易掉落，更加安全；无论抽屉里多乱，外表都干净整齐。

抽屉式收纳柜

建立三个等级的收纳工具

收纳习惯需要从小培养，而孩子对收纳的兴趣大多源自父母的积极引导以及可以辅助收纳的工具。针对孩子的玩具，可以建立三个等级的收纳工具：不常用的——藏起来；常用的——可以一眼看到；可以临时放置的收纳筐。下面两个案例就是从儿童的视角设置了丰富的收纳空间。

利用飘窗下方空间定制开放收纳柜，高度刚好是孩子进行整理的舒适高度（图片提供：七巧天工设计）

利用榻榻米侧面空间做开放格，搭配收纳筐、洞洞板，整体L形的收纳系统刚好包围活动区（图片提供：拾光悠然设计）

适当预留可变空间

虽然全屋定制柜体拥有强大的收纳功能，但低龄孩子的房间仍不适宜做太多的固定家具。儿童房的家具宜少而精，以便给孩子留出充分的活动空间。这也是考虑到孩子喜欢变化的心理特点，家具选择易移动、组合性强的，方便随时调整，让儿童房伴随孩子一同成长。

减少房间内的家具数量，留出更多活动空间（图片提供：厦门磐石空间设计）

选择弧形、圆角且稳定性高的家具

安全性也是选购儿童家具需考虑的重点。由于孩子正处于活泼好动、好奇心强的阶段，为避免发生意外，家具应尽量避免出现棱角，宜采用圆弧收边。另外，还要考虑家具的稳定性，尽量选择低矮、稳定性高的收纳家具，绘本架、儿童书架可以选择三角形的款式。如果柜体高于 60 cm，则建议在墙面和柜体之间安装防倒固定器。

三角形绘本架

在柜体后方安装防倒固定器

高效利用垂直空间进行收纳

虽然儿童房面积通常比较小（6 ~ 10 m²），但需具备多种功能，因此更需要合理布局。当平面空间不够用时，可以考虑利用垂直空间。上有睡眠空间，下有储物和学习空间，还能留出充足的活动区域。

面积不够，利用垂直空间，增加睡眠区和收纳区，空间不显凌乱（图片提供：涵瑜设计）

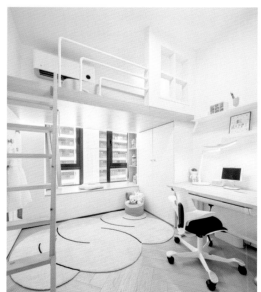

树屋儿童房，床体下方是衣柜和活动区，增加儿童房的趣味性（图片提供：涵瑜设计）

关于书桌附近的收纳设计

随着孩子年龄的增长，书桌的重要性越来越凸显。一张整洁干净的书桌能够有效提升孩子的学习效率，而书桌是否整洁与收纳设计是密不可分的。对于学龄阶段的孩子来说，书籍和文具的数量十分可观，所以在书桌附近应做好收纳规划——尽量让书桌保持整洁，留出桌面上的空间。

可以采用书桌和衣柜一体式设计，也可以在书桌上方增加吊柜和开放格，收纳常用书籍和文具等。

书桌与衣柜一体式设计，侧面留开放格，并结合墙面洞洞板进行补充收纳（图片提供：涵瑜设计）

小贴士

儿童衣柜的尺寸设计

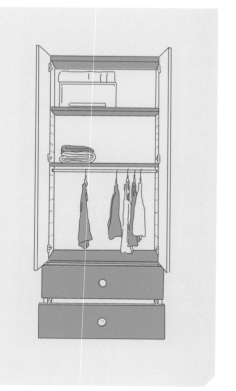

儿童衣柜的设计应考虑孩子 5 年内的使用需求，将其身高、手长等纳入考虑范围。衣物悬挂区的高度应根据衣长来定：

3—5 岁：60 ~ 70 cm；

6—12 岁：80 ~ 90 cm；

13—18 岁：105 ~ 140 cm。

尽量选择间距可自由调节的层板衣柜。孩子年龄小的时候，衣服比较多，可多设置叠放区；孩子长大后可以把层板区改成挂衣区，并将抽屉设置在最下方，方便孩子自己动手收纳。

7

卫生间收纳

保持洁净感——卫生间的极简收纳法则

卫生间作为家中面积最小的空间，凌乱、拥挤仿佛成了它们的代名词。虽然它无法决定全屋"颜值"的上限，但却能决定全屋"颜值"与清洁度的下限。无论房子的大小如何，能否做到干湿分离，远离脏乱、保持干爽整洁是不容逃避的问题。

卫生间的最小尺寸是多少？

如今，越来越多的业主在装修时都意识到了干湿分离的重要性——好打理，使用感更佳。但能否实现干湿分离，还得看卫生间的使用面积。卫生间的基本功能是洗漱、如厕和沐浴，各空间所需的最小尺寸如下图所示。即使不需要浴缸，卫生间的边长也需大于 160 cm，才能放下独立淋浴间。但无论卫生间面积如何，只要有意识地把握好卫生间必备的几大功能区，就能大大提高空间的洁净感。

洗漱区　　　　　　　　　　坐便区　　　　　　　　　　淋浴间

洗漱区的收纳设计重点

很多业主认为浴室柜是卫生间的重点收纳区，但即便浴室柜做得又高又大，洗手台上还是会摆满各种洗漱用品，这是因为我们没有考虑居住者日常的使用习惯。

收纳设计不是一味地定制柜子，而是在了解清楚使用者的习惯后，增加实用性强的收纳空间。我们经常会在洗手台上放香皂盒、牙刷、洗面奶、梳子、剃须刀等，这些物品使用频率极高，还容易产生水渍，每次弯腰开柜并不现实。因此，我们应充分利用台面以上的墙面进行收纳，台面上最好什么都不放。

小户型卫生间的收纳神器——镜柜

镜柜适用于卫生间面积较小的户型，既可做化妆镜，又能增加储物空间。镜柜的理想进深为 15~20 cm，不要选择深度过大的镜柜，否则容易碰头。镜柜内部可以再细分几个收纳区：每日使用物品收纳区、非每日使用物品收纳区、囤货类物品收纳区等。

当洗手台和坐便器在同一侧时，可以把镜柜延伸至坐便器上方，强化卫生间的收纳功能，占满墙的镜面能极大地缓解卫生间的狭窄感。

充分利用镜柜进行收纳，释放更多台面空间（图片提供：云深空间）

横向镜柜避开了卫生间进深不足的缺点，加长的设计能在视觉上放大空间感，同时增加收纳空间（图片提供：宏福樘设计）

对于大多数人来说，用久了的台面可能依旧杂乱，毕竟每次从柜子里拿出来再放进去十分麻烦，大家还是习惯直接放在台面上。因此建议选择带有开放格的镜柜，或者设置其他的开放式墙面收纳，将常用物品放在开放式置物架上，将不常用的东西放到镜柜里。

将不常用的物品统一收进镜柜里，而把使用频次高的物品放在开放格中（图片提供：安之见舍）

镜柜结合墙面洞洞板收纳，丰富储物空间（图片提供：七巧天工设计）

利用洗漱台侧面的空间进行收纳

小户型卫生间的收纳就只有镜柜这一个选择吗？当然不是。还可以利用洗漱区旁的墙面做壁龛或置物架。通常有两种情况：一是干湿分离的洗漱区，周围有 U 形围合墙面，可以直接在墙上设置壁龛或层板，收纳洗漱区的常用物品；二是洗漱区周围没有侧墙，此时可以借用定制柜打造"假墙"，在柜体内部做开放格，达到侧墙收纳的效果。

利用侧墙空间打造壁龛，不仅实用美观，还能节省空间（图片提供：拾光悠然设计）

利用凹陷墙体定制收纳层板，提升墙面的平整感（图片提供：理居设计）

在洗漱台旁边定制浴室柜，在柜体侧面设计壁龛收纳格，保持视觉上的统一感（图片提供：宏福橙设计）

地柜收纳

1. 选择台下盆或一体式台盆

虽然台上盆有更多造型可以选择，但是这种盆后期使用时不便打理，水盆外容易溅出水渍，形成卫生死角。基于实用性的考虑，台下盆或一体式台盆更容易保持整洁，遇到水渍、脏污可以直接用抹布抹入台盆中。

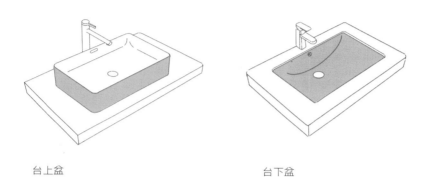

台上盆　　　　　　　　　　　　　　　台下盆

2. 选择抽屉式浴室柜

平开门浴室柜不管收纳什么，每次拿取物品都要弯腰或者蹲下，十分麻烦；而抽屉式浴室柜只需抽拉打开，就能对收纳物一览无余，取用物品时也不用蹲在地上，略微弯腰即可，因此建议地柜采用抽屉式浴室柜。

抽屉式浴室柜，物品分类更明确（图片提供：境相设计）

抽屉式浴室柜，方便拿取物品（图片提供：安之见舍）

此外，卫生间存在下水管道的问题，第一种解决方式是选择墙排，将下水管改到墙内封起来，优点是美观且噪声小，没有卫生死角，方便日常清洁。另一种方式是定制 U 形抽屉柜，巧妙避开管道。在 U 形抽屉的基础上，还可以做一些小隔层，让物品更井井有条。

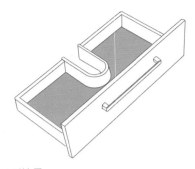

U 形抽屉

3. 浴室柜底部留空

浴室柜底部可留空，距地 20~40 cm，具体可根据居住者的使用习惯来定，方便把脸盆等大件物品收纳至柜子下方。在布置下水管时，尽量贴着墙角布管，这样不会影响浴室柜下面的空间。

4. 将浴室柜与梳妆台相结合

对于一些女主人来说，相比在卧室设立专门的梳妆台，她们更喜欢在卫生间化妆，这样动线更为高效。可以将浴室柜与梳妆台相结合设计，在浴室柜下方预留化妆凳的位置，不用时收纳进去，不占空间。

浴室柜底部留空，不留卫生死角（图片提供：拾光悠然设计）

将化妆区设置在卫生间，有效缩短洗漱、化妆动线（图片提供：云深空间）

坐便区的收纳设计

被忽略的黄金 $1\,m^2$ —— 坐便器后方空间

　　卫生间内部能利用的收纳空间相对有限，最容易被大家忽视的地方就是坐便器后方空间。可以充分利用这面墙来定制储物柜，收纳清洁用品、香薰等，缓解浴室柜以及台面的收纳压力。

在壁挂坐便器上方定制收纳柜，扩充收纳空间（图片提供：云深空间）

在壁挂坐便器上方做置物台，用来放置卫生用品或装饰品，兼顾美观性和实用性（图片提供：宏福樘设计）

　　对于使用壁挂坐便器的家庭来说，把坐便器的入墙水箱砌进墙体时，就可以顺势利用墙体的厚度做出置物台。比起普通落地坐便器，壁挂坐便器不仅在视觉上体量感更小，也更容易清洁。还可以在坐便器旁配备喷枪，便于清洁坐便器内部及周围的卫生死角。

注意厕纸架的位置

在安装厕纸架时，常常有设计师不考虑空间里"人的行为"，将厕纸架安装在坐便器后方的墙壁上，这样我们在使用时，需要回身向后拿取，使用体验较差。厕纸架使用起来最舒适的位置是在身体侧前方，高度为90 cm 左右处。

将厕纸架放在坐便器侧前方，这样使用更为方便
（图片提供：TK and JV）

利用好坐便器侧边的收纳柜

如果坐便器挨着浴室柜，那么可以在浴室柜一侧合适的高度做开放格，代替墙面置物架，放置卷纸、手机等，既便捷又省空间。

将坐便器旁边的浴室柜设计为开放格，方便随手置物（图片提供：境相设计）

淋浴间周边的收纳设计重点

最省空间的干湿分离

干湿分离卫生间的淋浴间尺寸不能小于 90 cm × 90 cm，从下图可看出淋浴间的占地面积因门的形状不同而不同，比起方形淋浴间，钻石形淋浴间更省空间。如果淋浴间使用了平开门，那么记得设计为向外开门；如果门向内开启，淋浴时万一发生晕倒等意外事件，身体会挡住门的开启方向，影响救助工作。

方形淋浴间

扇形淋浴间

钻石形淋浴间

钻石形淋浴间最省空间（图片提供：本空设计）

淋浴间的收纳好搭档——壁龛

关于淋浴间的置物与收纳，建议用壁龛（注意只能在非承重墙上开槽，且墙壁的厚度不小于25 cm）代替传统置物架。虽然固定在墙面上的金属置物架不会占用太多空间，但仍存在发霉、生锈以及损坏等情况，容易形成卫生死角。设计壁龛时，建议打造一个微小的斜坡，这样洗澡溅起的水就能顺着斜坡快速流下去，壁龛能更快地恢复干爽。壁龛的深度建议在 15 ～ 20 cm 之间。

在淋浴间做收纳壁龛，使整体风格更加极简统一（图片提供：云深空间）

清洁工具的收纳设计

房子再小，也要有家政柜或家政区。很多人喜欢把拖把、扫把等清洁工具塞进卫生间、阳台等角落，这样既不美观，还容易形成卫生死角。清洁工具的收纳设计十分必要，且不能局限于卫生间。如果卫生间面积较小，可以将家政柜设置在其他公共空间，比如玄关、阳台等，集中收纳扫把、吸尘器、洗衣液等用品，关上柜门就能保证整个空间的整洁度。记得预留电源，方便给需要充电的产品使用。

利用家政柜集中收纳家中的清洁用品，外观整洁，提升空间的收纳能力（图片提供：厦门磐石空间设计）

清洁工具最好悬挂收纳

家里空间太小，实在没有多余的空间打造家政柜，怎么办？没关系，可以充分利用卫生间的墙面空间，巧妙搭配洞洞板、伸缩杆、挂钩等收纳件进行悬挂收纳。特别推荐"壁挂夹"，即便没有孔的清洁工具也可以夹起悬挂，收纳高度也可以灵活调整。

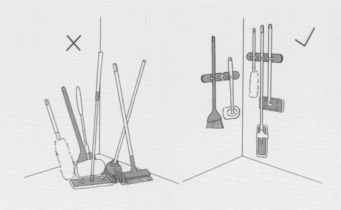

第2章

案例设计

将收纳融入住宅设计，
让家井井有条

案例 01 案例 08

案例 02 案例 09

案例 03 案例 10

案例 04 案例 11

案例 05 案例 12

案例 06 案例 13

案例 07 案例 14

案例 01

55 m² 住下三代五口人，
两室改三室的空间收纳放大术

使用面积： 55 m²

房屋类型： 三室一厅一卫

家庭成员： 夫妻 2 人、孩子 2 人、老人 1 人

设计师： 赵向莹

设计关键词： 悬空半高书柜、立体式空间分割

出于孩子们上学的考虑，业主买下了这处建筑面积为 70 m²、实际使用面积只有 55 m² 的小户型住宅。在这个 20 世纪 80 年代的破旧两居室里，设计师巧妙地利用空间收纳放大术，保证了三代五口人都能拥有自己的独立空间。

空间设计和图片提供： XYZ 设计工作室

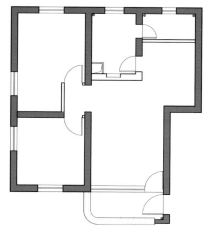

改造前平面图

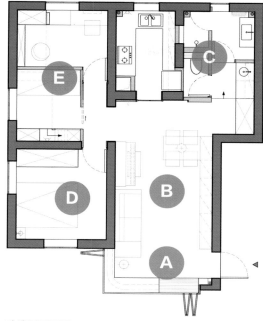

改造后平面图

全屋收纳设计亮点

A 玄关： 将入户阳台包入室内，做通顶鞋柜、卡座、储物矮柜一体化设计，满足储物和业主追求舒适性的需求。

B 客厅： 定制一排半高的悬空书柜，代替传统电视柜，兼顾收纳与展示功能，让空间看着更加清爽。

C 厨房、卫生间： 加高厨房门洞，内部呈 U 形布局；卫生间借用原餐厅的空间，改造成卫生间、洗衣房、杂物间三分离多功能空间。

D 主卧： 空间不大，放下一张床和大衣柜后，还能放下超窄的床头柜。

E 多功能房（ 男孩房、女孩房）： 充分利用垂直空间，将原主卧一分为二，打造出两间儿童房，同时也解决了老人的居住问题。

收纳设计 1　玄关

进门设置卡座式玄关柜，兼具实用性和归家仪式感

　　出于对采光、通风以及拥有宽敞客厅的考虑，设计师将入户阳台包入室内，让客厅有了一大面转角窗。这个玄关与我们传统印象中的不同，让人眼前一亮。靠近入户门左侧做了一个通高的鞋柜，在窗下设计储物型卡座和矮柜，卡座靠背的高度与窗台齐平，不影响采光。通顶鞋柜、卡座、储物矮柜一体化设计，确保了收纳的连贯性，最大化利用每一寸空间。

　📌 收纳设计：右侧加宽的窗台一部分用来放置花草盆栽，一部分作为晾晒衣物的整理台，台面下方为开放格和抽屉组合，收纳更灵活

收纳设计 2　客厅

用悬空式组合书柜代替电视柜，将客餐厅连为一体

　　业主希望将"阅读实体书"作为和家人一起进行的休闲活动，所以设计师用一个可悬挂的组合式书柜代替了电视柜，半人高的书柜兼具置物功能。将餐桌移至客厅，用餐之余，餐桌也可以作为书桌，是孩子们画画、写作业、做手工和爷爷练字的地方。

书柜悬空 40 cm，不仅仅是为了视觉上的比例之美，更重要的是增加收纳空间，底部可以收纳两个孩子的乐高盒以及猫砂盆。

◎尺寸细节：书柜悬空 40 cm，营造轻盈感

收纳设计 3　厨房、卫生间

加高厨房门洞，走廊藏着家政间，于细节处增加收纳空间

餐厅紧挨着厨房，动线满分。厨房采用玻璃移门，设计师特意加高了门洞，放大空间感。设计师使用了与移门框线同色的黑板漆，进一步放大了门洞的视觉效果，也给孩子们带来一份信手涂鸦的快乐。

厨房为 U 形布局，地柜采用了多抽屉的设计，拿取不费力，且抽屉的高度不一。最浅的抽屉用来收纳筷子勺子、小工具等，中间的部分可以放置碗碟，最下方的抽屉可以收纳锅具，该设计贴合厨房收纳物品多样性的需求，提高了空间的利用率。

卫生间干湿分离，走廊空间也被充分利用起来，并设置了独立的杂物间与洗衣房。洗衣房的台面带来了更多的收纳空间，到顶的储物柜基本可以收纳下家中所有的杂物。

收纳设计 4 主卧

用成品家具打造极简主卧

改造后的主卧面积不到 9 m²，除了衣柜、床、床头柜之外，放不下任何物件。房间内的家具均为成品家具，超窄的床头柜既节省空间，又不影响衣柜的正常开合，简洁的空间设计带来了舒适、宽敞的居住体验。

收纳设计 5 多功能房（男孩房、女孩房）

采用立体式空间分割手法，将一房变两房

这个家最大的设计难点莫过于老人和两个孩子的独立空间。虽然是暂住，但业主希望老人也能够拥有一间属于自己的房间，而不是"凑合而住"。房子的层高有 2.8 m，通过精确计算，设计师在这个不足 11 m² 的房间内，打造出了一个爷爷和孙子、孙女共享的，拥有秘密通道的"复式房"。爷孙三人不仅都拥有各自的睡眠空间，还拥有各自的衣柜及杂物收纳空间。

男孩房隐藏楼梯，横向借空间收纳

男孩房入口朝向客厅，下层高度为 1.75 m，刚好是家中大人走过不会碰头的高度。上层是男孩的睡眠空间，在这里特别开了采光窗，增加与家人之间的互动性。下层是老人房，放下爷爷的床后，对面还能拥有一整墙储物柜。

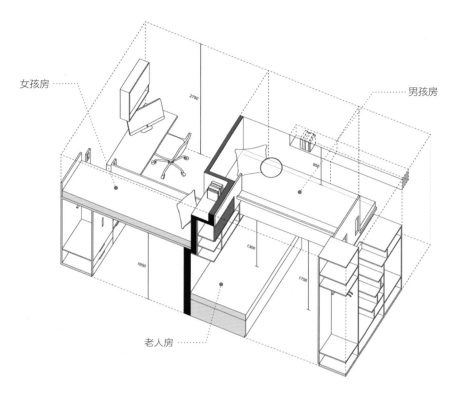

女孩房

男孩房

2750

959

1650

1300

1750

老人房

收纳设计：通往二层男孩睡眠区的楼梯，隐藏在储物柜的中间位置

上层的高度可以让男孩跪坐在床上而不会碰头，床旁边的位置向走廊天花板借了一点空间，有了放书和玩具的位置；另一侧再向爷爷房间借了一点空间，能放下长书桌，不用担心安全问题；床头位置借用姐姐房的空间，有了放床头小灯的地方。床两侧都预留了小窗，采光和通风都很好。

量身定制的女孩房，书桌、衣柜一体化设计

姐姐已上中学，房间的布局要更注重青春期女孩对个人空间的追求。在不足 6 m² 的房间内，用懒人沙发和一面小书柜营造出有氛围的"居心地"。下层的高度为 1.65 m，空间宽敞，充分利用床下空间定制衣柜。

上下层空间通过地台区过渡，地台下方设置了储物抽屉，整体空间极有层次感，收纳空间也非常丰富。设计师在地台右侧设计了一体化的学习空间，在书桌上方安装吊柜，并在右侧墙面上打造壁龛，实现展示和收纳功能。

◎ 尺寸细节：衣柜的高度约 1.65 m，进深是 50 cm

案例 02

多功能活动区搭配立体式储物，设计师为上海夫妻打造 60 m² 亲子之家

使用面积：	60 m²
房屋类型：	两室两厅一卫
家庭成员：	夫妻 2 人、孩子 1 人
设计师：	燕泠霖
设计关键词：	树屋儿童房、连贯性储物、餐厨收纳

　　由于女主人的工作调动，业主把家安在了上海，夫妻俩希望这个家可以成为孩子最好的童年礼物。原户型每个房间都是小小的，设计师重整格局，将餐厅和厨房合并为一个开放的大空间，还将儿童房设计成了树屋，可满足孩子未来 10 年的成长需求。

空间设计和图片提供： 大海小燕设计工作室

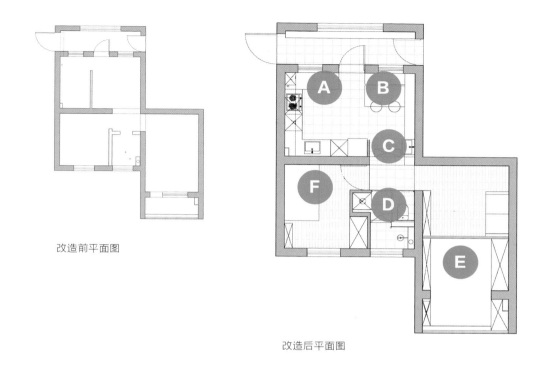

改造前平面图

改造后平面图

全屋收纳设计亮点

A 玄关： 将玄关的收纳功能巧妙融进餐厨空间，充分利用墙面空间收纳厨房用具。

B 餐厅： 餐厅做了卡座、餐边柜一体化设计，兼顾实用性和美观性。

C 走廊： 将走廊空间变成双面功能区，收纳能力不容小觑。

D 卫生间： 借用儿童房部分空间，新砌 S 形墙体，不仅实现三分离设计，还有 $1\,m^2$ 更衣区。

E 主卧、客厅： 将主卧一分为二，靠窗设置榻榻米，使用折叠推拉门界定出睡眠区和客厅，推拉门完全打开后是宽敞的活动空间。

F 儿童房： 利用凹面墙体，打造内嵌式储物柜。

收纳设计 1　厨房

6 m 长的厨房台面暗藏收纳巧思

　　入户即厨房，是这个家的独特之处。设计师利用户外公共空间定制了一排鞋柜，可收纳下 60 余双鞋子，所以入户区只预留了部分常穿鞋的收纳空间。设计师巧妙利用厨房地柜侧面空间，做了开放格，用于收纳日常穿换的鞋子。将客厅移至主卧后，原本封闭狭小的厨房空间被释放出来了，U 形厨房台面总长度达到 6 m。提前预留好家用电器空间，内嵌于柜体中，不占用操作空间。

🚀 收纳设计：利用橱柜侧面空间收纳日常穿换的鞋子；并将厨房家用电器内嵌在橱柜中，不占操作空间

　　冰箱右侧的大柜子是一个衣柜，冬天进出门的大衣可以收纳在这里。柜子上做了黑板漆，给小朋友预留出创作空间。水槽上方设置了挂杆，让厨房小工具统统上墙，不仅方便拿取，还不占用台面与柜体空间，结合 S 形挂钩，可以根据物品的大小随意调整位置。

🚀 收纳设计：水槽上方挂杆搭配 S 形挂钩，灵活收纳厨房工具

收纳设计 2　餐厅

卡座结合餐边柜设计，展示、储物两不误

　　餐厅做了卡座设计，卡座下方悬空，可以自由搭配收纳盒，脚也可以伸展得更舒服。餐桌一侧定制整面墙储物柜，上方开放格用来收纳书籍、展示孩子的手工艺品，地柜做成推拉门的，比起普通的平开门，不会占用空间或影响柜门开合。除用餐之外，这里还可以作为夫妻俩的办公桌，以及亲子活动区。

🖌 收纳设计：餐边柜地柜柜门使用推拉门，不影响餐桌的正常使用

收纳设计 3　走廊

将走廊空间变为双面功能区

　　充分利用走廊处的冰箱侧面，做一面洞洞板墙，专门用来收纳孩子"过家家"用的小衣服、小首饰。洞洞板对面是改造后外置的洗手间干区，让原本的过道区域拥有了更多功能性。台盆上方利用镜柜进行收纳，保证了台面的整洁。

🔑 收纳设计：冰箱侧面是洞洞板墙，悬挂收纳孩子的物品，对面是外置的洗手间干区

卫生间不仅三分离，还有 1 m² 更衣区

　　坐便区和淋浴间各自独立，中间采用了立川折叠门，尽可能少占用空间。淋浴间外部还设置了 1 m² 更衣区，洗澡时先进入更衣区换衣服，然后再将脏衣服扔进洗烘一体机，优化了家务动线。脏衣篮的层板高度也是根据业主的身高量身定制的。

🚀 收纳设计：淋浴间内部，将水管井和坐便器之间的缝隙做成壁龛，可以放下很多沐浴用品

收纳设计 5　主卧、客厅

是客厅，也是卧室，打造连贯性储物空间

从原主卧隔出来的小空间，可以作为客厅。整个空间的墙面全部采用了黑板漆，可以任由小朋友自由创作。整墙的大书架是木工根据业主需求现场制作的，环保又实用，电视机的线路也完全被隐藏起来，书架下方的高度刚好适合小朋友自主收纳玩具。

抬高睡眠区的地面，分隔休息和玩耍区域，地台与客厅之间用折叠门进行场景转换。设计师预留了折叠门的隐藏空间，打开门后就是一个完整的大空间。地台侧面做了储物抽屉，让整个空间拥有连贯又强大的储物功能，还不影响空间的通透性与层次感。

书柜对面是一整面大衣柜，可以收纳家里的所有衣物，白色的柜体搭配无把手的设计，在视觉上像一堵墙，展现出平整利落的视觉效果。利用窗下空间打造一排矮柜，专门用来收纳小朋友的毛绒玩具。

收纳设计 6　儿童房

利用垂直空间打造儿童房，功能面积翻倍

儿童房面积不足 8 m²，设计师充分利用垂直空间为小朋友打造了一个树屋。现在孩子还小，可能暂时用不到，在她能独立居住以后，在树屋上安装安全网，可以保证其安全。

树屋上下都可以放置床垫，也都可以变成玩耍的区域，下方还可以作为收纳空间，充满了各种可能性，可以伴随孩子一同成长。

案例 03

把家打造成沉浸式图书馆，
最好的学区房就是你家的书房

使用面积： 65 m²

房屋类型： 三室两厅一卫

家庭成员： 夫妻 2 人、孩子 1 人

设计公司： 理居设计

设计关键词： 容量超大的书柜、儿童房精细化设计

"对于家的想象，就是要将它打造成一个私人图书馆"，这是业主最初对家的美好期望。工作、生活、学习，一家人处处都与书相伴。除了满足业主"图书馆"的梦想之外，最重要的还是满足三口人的居住需求，比如拥有独立书房、衣帽间、客房，以及温暖而明亮的光线。

空间设计和图片提供： 理居设计

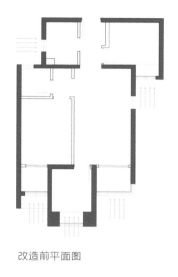

改造前平面图

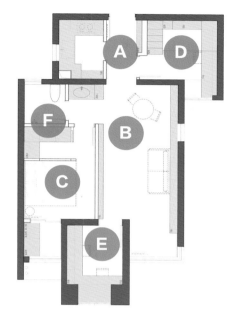

改造后平面图

全屋收纳设计亮点

A 玄关： 在进门左侧定制无把手玄关柜，进门处视野通透开阔。

B 客厅、餐厅： 取消客厅与阳台之间的推拉门，扩大客厅的使用面积，定制两面墙的超长书柜。

C 主卧： 新砌一面轻体墙，隔出独立的衣帽间；将阳台作为生活阳台，打造家政区。

D 儿童房： 设计高架床，下方设置衣柜、书柜和学习桌，小面积里也能实现完整的收纳功能。

E 书房： 定制 L 形长书桌，满足夫妻两人同时使用的需求，并藏得下大量书籍。

F 卫生间： 做三分离的设计，利用隔断墙设置壁龛收纳。

收纳设计 1　玄关

在入户区打造极简储物玄关

业主希望自家拥有宽敞通透的空间视野，于是设计师在满足一家人收纳需求的基础上，一切设计以简洁为主。入户左侧设置了无把手的超薄白色鞋柜，中部、底部都采用镂空式设计，将功能最大化，整个玄关明亮通透，视线丝毫不受阻挡。

收纳设计 2　客厅、餐厅

从餐厅到客厅，定制收纳能力超强的书柜

图书馆的氛围从一走进这个家的客厅就能感受到。客餐厅做了两面墙的书柜，书柜围合式收纳陈列，强化了空间的包裹感，任屋外风雨飘摇，全家人也能在屋内遨游书海。

要想开放陈列书柜显得整齐也有秘诀：将书格按照尺寸排布，且上、中、下分别收纳不同取用频率的书籍。在腰线部分摆放经常阅读的书籍，站立或坐着使用时体验都很好。

◎尺寸细节：沙发后的书柜墙长 5.9 m，高 2.6 m，深 0.3 m；对面的白色书柜长 3.8 m，高 2.3 m，深 0.2 m，层板间距为 30 cm

沙发为折叠款，可以变身为沙发床，平日里或坐或躺或看书，都很惬意，有亲朋好友到访时，也方便留宿。餐桌采用圆桌造型，不占用过多空间，同时也增加了用餐时的互动性。

收纳设计 3　　主卧

用玻璃砖窄墙做隔断，改善步入式衣帽间的采光

　　改造后，主卧内多了一堵玻璃砖墙，这面墙和衣柜围合成步入式衣帽间，衣物收纳区呈L 形布局。由于用拉帘代替柜门，且衣帽间内部又采用了开放式陈列，所以可以最大化地利用空间，提高储物量，同时也能拥有私密感和独立性。

收纳设计 4　儿童房

巧用立体布局，打造多功能儿童房

　　儿童房面积很小，只有 6.3 m²，设计师在布局上汲取了宜家儿童高架床的设计灵感，充分利用垂直空间。儿童床上方是睡眠区，下方是衣柜、书柜和学习桌的组合。

　　儿童房除了具有基本的睡眠、收纳、学习功能外，设计师还贴心地结合小朋友的爱好，根据电子琴的尺寸定制学习桌，并将电子琴隐藏在书桌下方，抽拉即可使用。设计师还特意将桌面加长至飘窗，增加置物空间，形成集合式飘窗收纳系统。

🚀 收纳设计：设计师根据电子琴的尺寸定制了学习桌，并将其巧妙隐藏在书桌下方

🚀 收纳设计：在墙面上设计洞洞板，刚好用来放置琴谱和练歌的话筒

收纳设计 5　书房

打造 L 形超长书桌，满足两人同时工作的需求

　　热爱阅读的夫妻俩还想拥有一间独立书房。书房面积不大，整个空间遵循了 6：3：1 的配色原则（60% 的白色、30% 的原木色、10% 的蓝色），营造出丰富的空间层次感。设计师沿窗做了 L 形超长桌面，不仅可以满足两人同时使用，宽敞的桌面还能放下大量书籍。

🚀 收纳设计：桌面上方搭配洞洞板设计，增加文具等小物品的收纳空间

收纳设计 6　卫生间

小户型中的三分离卫生间，"颜值"与收纳兼具

　　卫生间采用了三分离的形式，未采用传统小户型通常会用的镜柜，避免了千篇一律，而是在侧面沿墙做了收纳高柜，用来囤放生活用品及杂物；洗手台浅灰色的墙面搭配梅花镜，"颜值"很高。

🚀 收纳设计：利用凹陷墙体做收纳柜

案例 04

35 m² 单身公寓竟然拥有
两室一厅 8 个功能区！

使用面积： 35 m²
房屋类型： 两室一厅一卫
家庭成员： 夫妻2人、孩子1人
设计公司： 厦门磐石空间设计
设计关键词： 善用垂直空间、超长定制柜

如今身在上海已成家立业的业主希望这套小住宅可以满足他们一家三口偶尔回去居住的需求。对于这种极小户型来说，利用垂直空间才是王道。空间"向上发展"，增加的不仅是使用面积，更是空间功能性的转变，以及储物空间。

空间设计和图片提供： 厦门磐石空间设计

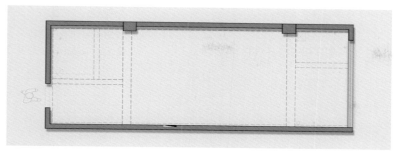

改造前平面图

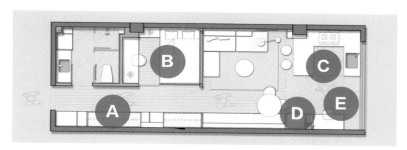

改造后平面图

全屋收纳设计亮点

A 玄关、客厅： 从玄关到客厅，打造一排长 5.5 m 的储物柜，实现鞋柜、置物柜、衣柜、酒柜的功能。客厅一厅多用，储物柜部分兼具卡座功能，能同时安排下用餐空间。

B 主卧： 设计了榻榻米、定制的收纳柜和书桌，小空间里实现了多种功能。

C 厨房： 采用开放式 U 形布局，紧挨客厅设置吧台和小书柜。

D 书房： 精确计算尺寸，放下书桌，旁边内嵌冰箱。

E 次卧： 充分利用层高，打造垂直空间；将楼梯当储物柜，在睡眠区做玻璃隔断，获得良好的采光。

收纳设计 1　玄关、客厅

从玄关到客厅，打造一体式超强收纳柜

一组长度为 5.5 m、深度为 60 cm 的定制柜从入户区一直延伸至客厅，设计师分别安排了鞋柜、衣柜和酒柜。为了减少走廊带来的"狭长"感，玄关柜右侧的柜体采用部分开放格的设计。

尺寸细节：定制柜长 5.5 m，深 60 cm

客厅电视墙的设计非常有意思，既是收纳柜，又是卡座，摆上小圆桌，也就自然成了餐厅。在座位上方设计师根据业主的实际需求定制了薄柜和深柜两部分。封闭式的吊柜适合收纳不常用的物品，较浅的开放格适合收纳常用的物品，随取随用，或者作为展示空间。

尺寸细节：电视柜的长度有 3.4 m，卡座深度为 40 cm，薄柜深度 20 cm

收纳设计 2   主卧

用透明玻璃代替实体墙，兼顾收纳与采光

玄关定制柜对面是主卧，设计师采用了半墙玻璃做隔断，既保证了隐私，又可以确保卧室内以及外部走廊的采光，避免让面积不大的家显得逼仄。为了确保房间的通透性，沙发背景墙的颜色延伸至卧室，进一步放大了空间感，产生了"隔而不断"的视觉效果。

卧室面积不大，但储物空间一点也不少，床体采用榻榻米形式，下方做了抽屉，并一直连接至床头柜，整体造型简洁，收纳功能强大。另一侧作为办公区，采用了封闭式吊柜、开放式储物柜、书桌组合的设计。书桌长 1.8 m，设计师利用书柜上方的吊柜修饰空间中最影响整体性的承重梁。

收纳设计 3　厨房

结合吧台设计，串联起客厅和开放式厨房

厨房位于靠窗一侧，面积只有 4.5 m²，采用开放式 U 形布局，台面总长度达到 3.5 m，嵌入蒸烤箱和洗碗机后，收纳与操作空间依然很充足。紧挨着客厅一侧的餐台兼具吧台的功能，台面深 80 cm，下方留 20 cm 的进深用于放腿，搭配两把高脚凳，秒变吧台空间。利用与客厅沙发之间的距离打造了一个顶天立地的开放格书柜，无论是在吧台还是坐在沙发上，都可以随手拿取书籍，方便阅读。

📌 收纳设计：利用与客厅沙发之间的距离打造顶天立地的开放格书柜

🔍 尺寸细节：吧台高 80 cm，台面深 80 cm，下方留 20 cm 进深

收纳设计 4　书房

巧用角落空间，设置 1 m² 书房

厨房对面的空间是这个家的改造重点，设计师充分利用 3.12 m 的层高优势，将这个区域上下一分为二。下方作为小书房，高度为 1.9 m，保证人在书房的舒适度。书房由一张长 1.15 m 的书桌和小书柜组成，旁边还放下了一个大冰箱，一点儿空间都没有浪费。

◎ 尺寸细节：小书房的高度为 1.9 m，书桌长 1.15 m

收纳设计 5　次卧

储物柜当楼梯，在家打造树屋式次卧

书房左侧是通往二层的楼梯，楼梯由两个部分组成，下方的踏步与书桌相连，兼作小书柜，柜体高度与窗台齐平。上方踏步为钢架结构，轻盈通透，不影响采光。上方的次卧采用了玻璃隔断，拥有良好的采光，同时保证了整个空间的通透感。小朋友躺在上面丝毫不会感到压抑，还可以和一层各个空间的家人互动。

案例 05

中西分厨结合多功能书房设计，60 m² 小家功能、"颜值"双逆袭

建筑面积： 60 m²
房屋类型： 两室两厅一卫
家庭成员： 夫妻 2 人
设计公司： 境相设计
设计关键词： 联动设计、定制通高橱柜、L 形储物柜

在外企工作的业主夫妇，为了工作更方便，购入了这套收纳空间不足、厨卫拥挤的小住宅。设计师打通厨房、阳台，打造了开放式大厨房；将次卧改为多功能房；同时借用 L 形储物柜串联起玄关、客餐厅，来解决收纳难题，最终让这个建筑面积只有 60 m² 的小户型住宅实现了"颜值"、功能的双逆袭。

空间设计和图片提供： 境相设计

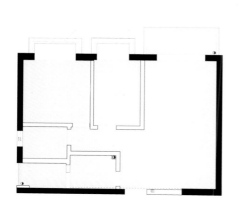

改造前平面图

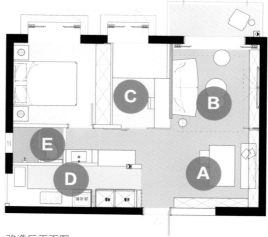

改造后平面图

全屋收纳设计亮点

A 玄关、餐厅: 玄关与餐厅采用一体化设计,定制了 L 形储物柜;卡座式餐厅节省空间的同时,又增加了储物功能。

B 客厅: 将阳台纳入客厅,作为休闲区,无形中扩大了客厅面积。

C 多功能书房: 将次卧改造成书房兼客卧,满足业主居家办公和老人偶尔留宿的需求。

D 厨房: 打通生活阳台,并将其纳入厨房,将厨房改为半开放式,增加使用面积。

E 卫生间: 在洗手盆侧面设计壁龛,在壁挂坐便器上方做置物台,空间再小,物品摆放也能井井有条。

收纳设计 1　玄关、餐厅

入户即餐厅，围绕墙体打造 L 形多功能储物柜

　　一进门就是开敞的客餐厅空间，玄关与餐厅在同一个空间，于是设计师将玄关、餐厅进行一体化设计，打造了一个 L 形多功能储物柜，在视觉上连贯整体，让空间更显宽敞。靠近入户区域的玄关柜中间做了镂空设计，台面下方设置了三个小抽屉，不占用鞋柜空间，却大大增加了使用的便利性，毕竟玄关处零碎杂物的数量总是远远超出你的想象。

　　餐厅采用卡座形式，卡座下方能兼作储物柜。卡座上方空间也被合理利用了起来，定制了吊柜，用来收纳一些不常用的物品，充当餐边柜。

📌 收纳设计：卡座上方做吊柜，收纳不常用的物品

收纳设计 2　客厅

竖百叶窗帘分割客厅与阳台，各种功能自由切换

客厅以竖百叶帘作为与阳台分割的界限。阳台作为休闲空间，可以根据业主的实际使用需求自由开合百叶窗帘，不妨碍光线的游走。一整面素白的电视墙，没有做多余的装饰，简洁的空间可以让小户型空间更显大。

收纳设计 3　多功能书房

长虹玻璃代替隔断墙，打造多功能书房

原次卧现在为多功能房，兼具书房、客卧以及琴房的功能。设计师拆除次卧与客厅之间的部分墙体后，安装上长虹玻璃门，让其与客厅的联系更紧密，视觉上空间面积增加了一倍。入门处安装了升降帘，休息时可以随时拉下来，更具私密性.榻榻米床的设计不仅不占用空间，还拥有丰富的储物空间。

收纳设计 4　厨房

中西分厨，用通高柜体给空间扩容

　　将原生活阳台并入厨房后，厨房的使用面积大大增加了，设计师将空间一分为二，做了中西分厨的设计。借助走道空间打造小吧台，增加台面操作空间，也可以将其作为水吧或者简餐台。设计师在吧台对面定制了一面通高柜体，让其成为整个厨房的收纳"大胃王"。大体积的冰箱、蒸烤箱全部内嵌于此，既使用方便又不占用其他的台面与橱柜的空间。

中西厨之间靠一个隐藏式白色移门分隔，做饭时可以关闭移门，杜绝油烟外溢；完全打开后，刚好可以隐藏在电器柜与橱柜之间预留的缝隙中，不占走道空间。

收纳设计 5　卫生间

卫生间干湿分离，用壁龛盘活死角空间

卫生间干湿分离，洗漱台左侧设有壁龛。壁龛造型简洁，既方便拿取洗漱用具，又好清理。利用壁挂坐便器上方的墙面空间设置置物台，既可以顺手放置物品，又能作为展示空间，给小小的空间增添了一丝趣味。

📌 收纳设计：充分利用墙面空间，在壁挂坐便器上方做置物台

案例 06

用一个"趣味性装置"连通 5 个功能区，让昏暗的三居室空间翻倍

建筑面积： 90 m²
房屋类型： 三室两厅一卫
家庭成员： 夫妻 2 人、孩子 1 人
设计师： 王冰洁
设计关键词： 趣味性装置、开放式厨房、三分离卫生间

　　这个三口之家的空间是紧紧围绕着功能性和趣味性展开的，设计师借助一个"趣味性装置"，打造出灵活多变的空间，提升了整个房子的利用率，收纳空间也就自然而然地变得更加充足。此外，这个装置的落成也为业主全家提供了精神层面的趣味联想。

空间设计和图片提供： 七巧天工设计

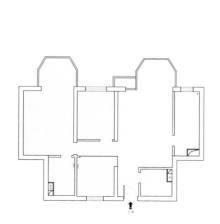

改造前平面图

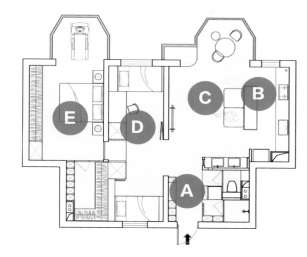

改造后平面图

全屋收纳设计亮点

A 玄关： 重新优化布局，将原户型的玄关单侧墙面收纳改造为两侧都可以收纳的功能区，左侧卫生间借用部分客厅空间打造三分离卫生间。

B 厨房： 将原本封闭的厨房改为开放式的，增大岛台操作的空间。

C 客厅： 可移动电视机组合开放式置物架，保证收纳的同时，让空间充满灵活性。

D 多功能房： 儿童房和客卧形成可分可合的空间，可以根据需求灵活调整，中间由一个大型的收纳装置连接，赋予走廊空间多种功能。

E 主卧： 在床尾定制一整排顶天立地衣柜，并将主卫改造成衣帽间，进一步提高收纳能力。

收纳设计 1 玄关

玄关旁做卫生间，增加"储物型"缓冲区域

原户型的走廊较为狭窄，改造后，设计师在入户左手边预留了一排窄柜，玄关两侧柜体进深为 60 cm 和 30 cm，分别用来收纳衣物和鞋子。玄关走廊右侧是只有 4 m^2 的卫生间，重新规划格局后借用部分客厅空间，将洗手台外置，坐便区、淋浴间也独立分开，实现了三分离设计。

◎ 尺寸细节：衣柜深度为 60 cm

◎ 尺寸细节：鞋柜深度为 30 cm

进入淋浴间之前设计缓冲地带，既可以作为淋浴前的更衣区，也兼具家政洗衣间功能，最外侧用帘子与外部隔开，保证私密性。洗手台外置后，得以做双台盆设计，满足高峰期多人使用的需求。洗漱区处在交通动线上，方便业主外出归来以及用餐前后洗手。墙排水龙头造型美观简洁，不占用台面空间，杜绝了卫生死角。

✈ 收纳设计：台面下方设计为层板，既可以收纳物品，又保证了空间的简洁通透

收纳设计 2　厨房

将厨房完全打开，增加岛台，串联起客厅

设计师将客厅、厨房、餐厅进行了连通式设计，做了开放式厨房，增加了岛台，让原本狭小的厨房增加了近一倍的操作空间。岛台设计也让整个公共空间形成洄游动线，方便家人互动。

定制整面吊柜和地柜来解决厨房的收纳问题，橱柜吊柜柜门使用反弹器，地柜柜门做隐形拉手，让外观看起来更加统一；吊柜上特别预留部分开放格，用来放常用的器具或调料，方便拿取，避免台面上杂物乱堆，小小的改变可以大大地提升便利性。

📌 收纳设计：吊柜上特别预留部分开放格，伸手即可拿取

收纳设计 3　客厅

可移动电视机与开放式层板组合，让收纳更灵活

　　客厅没有设计常规的电视墙，而是采用了可移动电视机搭配开放式层板设计，满足收纳需求的同时，保证了空间的灵活性，这里也是女主人的"健身区"。临窗位置，利用角落空间设计了弧形小地台，形成一个独立又舒适的休闲区。

收纳设计 4　多功能房

巧用"趣味性装置"，打造多功能空间

　　这个家最大的设计亮点就在通往卧室的走廊上，设计师用一个定制的大型收纳柜，串连起主卧、儿童房、客卧、公共活动区，以及纵向空间上的猫咪攀爬洞。柜体中间开了一扇通往主卧的拱形门，左右两侧弧形柜体的门分别作为客卧、儿童房的储物空间。

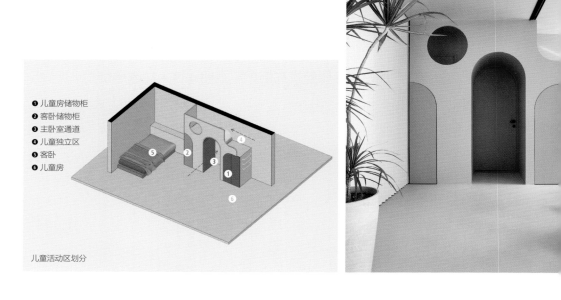

❶ 儿童房储物柜
❷ 客卧储物柜
❸ 主卧室通道
❹ 儿童独立区
❺ 客卧
❻ 儿童房

儿童活动区划分

　　儿童房储物柜的高度是根据孩子的身高定制的,储物柜上方空间可以作为趣味攀爬空间;床尾增加了一个开放式置物架,作为补充收纳空间。儿童房与客卧均采用了折叠门,打开门后可以形成一个完全互通的空间。

🚀 收纳设计:弧形柜体处是客卧的收纳空间

🚀 收纳设计:粉色柜门后是儿童房的收纳空间

收纳设计 5　主卧

将主卫改为衣帽间，在床尾做整排衣柜，主卧拥有惊人的收纳空间

因公卫改造后空间宽敞、功能完备，足以满足一家人的使用需求，所以设计师根据业主的需求将主卫改为独立衣帽间，收纳能力倍增。衣帽间采用隐形门设计，让卧室在视觉上显得更整体。除了独立衣帽间外，设计师还在床尾做了一整排通顶的衣柜，无把手的设计让衣柜像墙面一样，不会带来压迫感。

📎 收纳设计：软帘后面隐藏着梳妆台，在视觉上保持整体感

◎〉尺寸细节：床尾衣柜高 2.2 m，深 60 cm，长 4.5 m

案例 07

"85后"青年79 m² 的家：
全屋智能、一房多用，还能
天天在家开派对！

使用面积：79 m²

房屋类型：两室两厅一卫

家庭成员：1人

设计公司：理居设计

设计关键词：造玄关、借助
收纳柜优化格局、全屋智能

　　"家，是以我为主题的展览馆"，来自厦门的"85后"青年对自己的家如此定义。热爱生活的他经常在家里举办各种小型聚会，大家在一起看电影、交流音乐、品酒、玩桌游等，让我们一起来看看这个使用面积为79 m²，却承载了无数功能的家吧！

空间设计和图片提供：理居设计

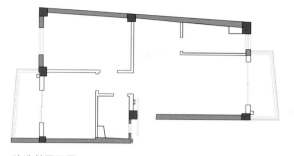

改造前平面图

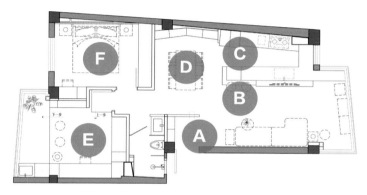

改造后平面图

全屋收纳设计亮点

A 玄关： 借用定制柜围合出独立门厅，解决入户无玄关和收纳空间不足的问题。

B 客厅： 电视背景墙一墙三用，兼具客厅储物柜、厨房隔断和吧台三种功能。

C 厨房： 开放式设计保证了充裕的操作空间，提前对橱柜进行分区规划，实现精细化的收纳系统。

D 餐厅： 定制 V 形餐边柜，修正原户型缺陷，并结合洞洞板、层板打造餐厅收纳系统。

E 多功能房： 书房兼作客房，内部暗藏隐形床与家政区。

F 主卧： 定制整排顶天立地衣柜，并借用部分次卧面积，在卧室放下梳妆台。

收纳设计 1　玄关

L 形定制柜结合洞洞板设计，围合出独立门厅

从入户时按下指纹锁的那一刻，玄关和客厅的灯就会自动亮起。入户区结合定制柜做了半遮挡的隔断，解决了原户型无玄关的问题。设计师为喜爱唱歌的业主在隔断中间镂空部分设计了音符造型，让空间保留通透感。鞋柜下方悬空，可以收纳 5 ～ 6 双当季常穿的鞋子，避免了开关柜门的麻烦。

📍 收纳设计：鞋柜底部悬空，用来放常穿的鞋子

进门右手边是一个与门等高的金属洞洞板，上面的木挂钩可以灵活调节位置，进出门常穿的大衣、帽子和随身携带的雨伞、钥匙、包包等小物件，都可以收纳在这里。洞洞板前面的三个大小不同的铁艺盒子，三个盒子可以叠放收纳，不占空间，它们既可以作为沙发旁的边几，又能用作换鞋凳。还是极具设计感的装饰品。

📍 收纳设计：利用洞洞板进行垂直收纳，同时也能提升空间的时尚感

一面电视墙拥有三种功能，打造"浓缩版多功能区"

客厅的电视墙是整个家的设计亮点，设计师做了半墙隔断，电视墙既要遮挡住水槽，又要与吧台连接，下方空间还被合理地分配给厨房和客厅。底部根据沙发高度做了支撑架，用来放电视机顶盒、游戏手柄等，看电视、玩游戏都十分方便。改造后的厨房和客厅，可以是酒吧、咖啡馆、餐饮区、私人影院……是一个"浓缩版多功能区"。

阳台被包入客厅，是业主玩音乐的区域，搭配智能电动窗帘和智能灯光，可随时切换不同的场景模式。落地书柜既能收纳物品，又能当凳子使用，下面放置了音响、书籍、饮料等。另外，立式空调机和新风机也被隐藏在阳台。

✈ 收纳设计：落地书柜一物多用，既能收纳又能当凳子使用

收纳设计 3　厨房

收纳系统完备的开放式智能厨房

厨房台面有两个高度，水槽区台面高一些，是按照"取菜—洗菜—切菜—炒菜"的动线设计的。厨房是智能化的，抽油烟机有烟感功能和感应式挥手启动功能。水龙头为感应式出水，水槽具有超声波清洗功能，蔬果放进去可以自动清洗，不用亲自动手。

业主是一个细节控，虽然厨房的小型家电至少有 10 个，但在装修前期，他已经规划好了大部分电器的尺寸和位置。

开放式酒架正对着吧台，酒杯采用一字形倒挂形式，下方抽屉里收纳了调酒用品，取用方便。聚会时，业主会在吧台调酒、制作饮品。厨房有充足的空间供业主备菜和研究新菜品。

定制餐边柜"掰直"斜角空间，展示、收纳两不误

业主家的户型并不规则，餐厨区墙面是一个斜面，设计师用一个定制的造型对称的∨形餐边柜来找平空间，避免视觉上的不平衡感。由于业主喜欢收藏物品，所以柜体上方墙面成为独特的展示区，层板结合洞洞板的设计，可以满足业主收纳各种旅行纪念品、咖啡杯的需求。下方的餐边柜分为餐具区、零食区、干货区、红酒区等，设计师做了两个开放格，方便拿取常用物品。

收纳设计 5　多功能房

书房兼作客房，墙里藏着大床

　　次卧是多功能房，下翻隐形床藏在柜体中，宽度足够两个人睡。设计师还设计了靠背、床前灯以及置物架，顶部的柜子用来收纳被子。朋友留宿时，可以迅速收拾出一张睡觉的床，平时收上去也不占用空间。

阳台藏着家政区，还把日式庭院搬回家

　　书房的阳台是设计师和业主一起设计的，被打造成了日式氛围十足的小庭院，简单放上蒲团，就营造出喝茶、休闲的空间。左侧是家政间，放置了洗烘一体机，衣物洗后不再需要晾晒，设计师使用自然气息浓厚的竹帘，将开放式的收纳柜隐藏了起来。右侧是枯山水小景，充满禅意。

收纳设计 6　主卧

嵌入式梳妆台与一体式床头柜组合，营造出酒店般的舒适感

　　主卧放下床和衣柜后就没有多余的空间了，于是设计师借用部分多功能房的面积，增加了一个嵌入式梳妆台，镜面两侧特别安装了两条长形壁灯，既节省空间，又有"颜值"。卧室的床头柜和床为一体式设计，简洁大气。在床头后方做了一个台面与层板的设计，既让空间更有层次感，也补充了置物和展示的空间。

📌 收纳设计：床头设计置物台，
补充收纳空间

案例 08

89 m² 极简的家，看似空无一物，却暗藏超多收纳空间

建筑面积： 89 m²

房屋类型： 三室一厅两卫

家庭成员： 夫妻 2 人、孩子 1 人

设计师： 沈一

设计关键词： 大容量玄关柜、悬浮式卡座、开放式书房、钢材置物板

　　夫妻两人在杭州生活多年，买下了这套建筑面积为 89 m² 的三居室。设计师通过合理的改造和设计，将公共空间串联了起来，赋予空间通透性。该住宅看似简洁清爽，实则在收纳细节上有诸多亮点，比如"内藏乾坤"的玄关柜、悬浮式卡座和书房前的小吧台等。

空间设计和图片提供： 本空设计

改造前平面图

改造后平面图

全屋收纳设计亮点

A 玄关： 将玄关走道的墙向卫生间内推 60 cm，打造通高柜体，用来收纳洗衣机、冰箱等家电。

B 客餐厅： 客餐厅被并为一体，餐厅的卡座与电视墙为一体化设计，一直贯穿至阳台区域。将阳台包入室内，并且在阳台制作了地台，地台一直延伸至书房，其既可作为休闲空间，又能增强储物能力。

C 书房： 把靠近客厅的次卧打造成半开放式书房，在书房门口增设吧台，实现与客厅的巧妙衔接。

D 儿童房： 采用榻榻米、衣柜一体化设计，打造拥有大量储物空间和儿童活动空间的儿童房。

旋转式鞋架结合隐藏式家政区，打造收纳能力超强的玄关

设计师特意在玄关处使用了壁挂式穿衣镜，高低错落的挂衣钩不仅方便收纳衣物，也自成一道装饰风景。鞋柜底部镂空 30 cm，提升柜体的轻盈感。为了增加最右侧柜体的深度，设计师借用部分餐厅空间，这样可以在柜子内部安装旋转式鞋架，既提升了鞋子的收纳量，又方便拿取鞋子（旋转式鞋架对柜子的深度和宽度有一定的要求，需提前根据尺寸预留空间）。

◎▶尺寸细节：鞋柜底部悬空 30 cm

走道另一侧墙面向卫生间内推 60 cm 后，可以定制两个柜子，分别收纳冰箱、洗衣机和烘干机。洗衣机底部抬高 40 cm，避免业主洗衣服时过度弯腰；抬高的部分被做成储物抽屉，不浪费一丝空间。

◎▶尺寸细节：冰箱柜深度为 60 cm，洗衣机柜底部抬高 40 cm，做收纳抽屉

卡座式电视柜延伸至阳台，兼顾"颜值"与功能

原木色卡座从餐厅一直延伸到客厅与阳台，贯穿整个公共空间，它既是餐厅的餐椅，又是客厅的电视柜，兼具展示和收纳功能，连贯的造型也让视线得以延伸，让空间更显大。客厅的上下柜体将电视机包裹在其中，收纳能力满满，为了让墙面保持干净，柜门均采用无把手设计，中间柜子为开放式收纳，超薄的钢材置物板营造出与整体空间一致的轻盈感。

卡座下方与地台下方的抽屉均采用无把手的设计，乍一看，空间简洁无物，实则暗藏超多收纳空间，无把手的设计也可以防磕碰。值得一提的是玄关的抽拉鞋柜为双面设计，面朝餐厅一侧做了 4 个抽屉，增加餐厅的收纳能力。

📍 收纳设计：玄关柜在面朝餐厅的一侧设置了 4 个抽屉，增加餐厅的收纳能力

收纳设计 3 书房

半开放式书房结合吧台设计，空间灵活又开阔

保留客厅与书房之间的部分隔墙，顺势打造吧台，让走道、客厅、餐厅在视觉上连成一体，增强各空间的联动性。吧台位于书房门口，与书房的书桌之间用长虹玻璃隔断，既界定了两个空间，又改善了采光。吧台既可以作为办公区，也可以作为休闲区。吧台侧面用钢板做置物板，可摆放些装饰品，用于提升吧台的灵动感。

📎 收纳设计：吧台侧面用钢板做置物板，增加吧台的灵动感

📎 收纳设计：现场打造 1.5 m 长的书桌，可供一人使用

从吧台到书桌再到地台，都做了一体化设计，书房的地台是从客厅阳台处延伸过来的，两个空间的地台完全打通，中间采用玻璃折叠门做隔断，形成洄游动线。同客厅、阳台一样，书房地台同样增加了收纳抽屉，把中间的门关起来，利用地台做床，就能变出一间客卧。

📌 收纳设计：客厅地台延伸至书房，增加收纳抽屉

收纳设计 4 ｜ 儿童房

定制榻榻米和通顶衣柜，释放更多活动空间

儿童房不仅有榻榻米，还有大量的收纳空间，衣柜柜门由不规则的色块拼接而成，为干净的房间注入一些活泼感。榻榻米采用抽屉式储物组合上翻式储物设计，兼顾了收纳量与取用的便利性，高效紧凑的布局为孩子释放了更多自由活动的空间。

案例 09

75 m² 简约风的家，装下 1 人、1 猫和上千本书

建筑面积： 75 m²
房屋类型： 一室一厅一卫
家庭成员： 1 人、1 猫
设计公司： 木哉设计
设计关键词： 两面大书墙、隐形衣柜、新砌 U 形墙体

热爱电影、喜欢看书的业主，家中的藏书据不完全统计有上千本。他希望这些书能够陪伴自己入住新家，且希望这个家是舒适的、有个性的、不拘泥于传统布局方式的。设计师以业主的需求和喜好为切入点，打破传统布局方式，打造了一个休闲、个性化的"一人居"空间。

空间设计和图片提供： 木哉设计

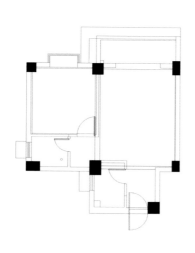

改造前平面图

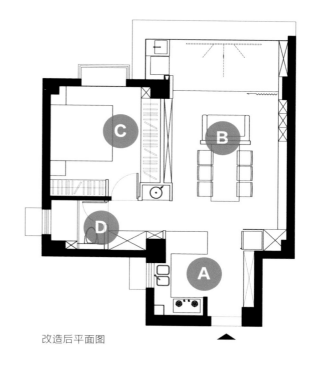

改造后平面图

全屋收纳设计亮点

A 玄关、厨房： 将原厨房改造为开放式的，将原本狭窄的走廊变得更加宽敞，利用入户墙体凹面进深，打造了一整排到顶储物柜。

B 客餐厅： 做两面墙的书柜，并结合猫爬架进行设计，满足多种功能需求；将阳台融入客厅，在客厅与阳台之间的承重横梁处，定制一排酒柜，增加了不少藏酒的空间。

C 卧室： 微调卧室门的位置，在门后打造一整排隐形衣柜，搭配床头旁边的大衣柜，将收纳设计做到极致。

D 卫生间： 借用走廊空间，新砌 U 形墙体，内嵌洗手台，将干区外置，实现了干湿分离。

收纳设计 1　玄关、厨房

顺应墙体结构定制玄关柜，打造开放式 U 形厨房

原户型玄关较为狭窄，进门左手边是厨房，设计师拆除玄关与厨房之间的隔墙后，两个空间可以互相借光，让入户区域变得更加宽敞明亮。在厨房做 U 形台面，增加操作空间。设计师将冰箱内嵌于柜体中，进一步释放厨房空间，保持空间的整体性。

利用原户型玄关右手边的侧墙进深，打造了一组 2.5 m 长的收纳柜，整个柜体功能划分合理，柜体底部留空，方便收纳常穿的鞋子。柜体中间局部镂空设计出不同的高度，做了换鞋凳、置物台以及挂衣区。

🖌 收纳设计：柜体底部预留空间，收纳常穿的鞋子

收纳设计 2　客餐厅

百变客厅，把图书馆和"猫咖"搬回家

考虑到业主的居住习惯和喜好，设计师打破传统客餐厅布局，在中心位置放了一张 2 m 长的大餐桌，可满足会客、吃饭、游戏、读书、办公等需求。餐桌与沙发中间设置了一面矮墙，巧妙划分了餐厅和客厅，形成了流畅的洄游动线。

客厅和阳台之间有一根无法去掉的横梁，设计师别出心裁地在这里设计了一组酒柜，不仅美观，还增加了不少藏酒空间。抬高阳台地面，打造地台式阅读空间。一侧的书柜结合猫爬架设计，上方是猫爬架，下方是餐边柜，猫爬架左侧连接书柜。书柜和餐边柜整体长达 4.35 m，进深 30 cm，兼具收纳与置物台功能。

◎尺寸细节：书柜和猫爬架总长度为 4.35 m，进深为 30 cm

定制整面大书墙，图书馆氛围拉满

　　猫爬架对面是近 3 m 长的大书墙，由于整个柜体只用来收纳书籍，进深 25 cm 就足够。原木色的材质搭配开放式层板，让空间更显通透。对于爱看书的业主来说，上千本藏书也依旧能一目了然，方便拿取。整面书墙也成了公共空间的视觉焦点，极具装饰性。

◎尺寸细节：大书柜长约 3 m，进深 25 cm

收纳设计 3 卧室

内推墙体，打造嵌入式隐形衣柜

优化卧室布局，调整门的位置，利用门后的空间定制嵌入式衣柜，让大体量的柜体隐形。床侧边还有一组四门大衣柜，衣柜为通体白色简约门把手设计，整个卧室的储物柜加起来长达 5 m，完全能够满足衣物的收纳需求。

◎ 尺寸细节：衣柜进深为 63 cm

收纳设计 4 卫生间

壁挂坐便器搭配壁龛，杜绝卫生死角

设计师借用走廊空间，新砌了 U 形墙体，内嵌洗手台，将干区外置，实现了干湿分离。卫生间内部采用壁挂坐便器，"颜值"高又好打理；利用壁挂坐便器内嵌水箱的厚度打造置物台，得到了额外的收纳空间。在淋浴间，利用墙面和承重柱的凹陷处，增加壁龛，美观又节省空间。

案例 10

超能 50 m² 一居室，
从容变身两娃亲子之家

使用面积： 50 m²
房屋类型： 两室一厅两卫
家庭成员： 夫妻 2 人、男孩 2 人
设计公司： 武汉小小空间事务所
设计关键词： L 形木饰板、双面操作台、亲子阅读角

　　这个家是 20 世纪 90 年代的老宿舍楼，典型的单身公寓户型，却需要住下夫妻 2 人、12 岁的哥哥和 2 岁的弟弟。设计师在极有限的空间里，将一居室改为两居室，还实现了家中的动静分区、卫生间三分离、亲子阅读角以及家政区，一家四口人在这个小家里从容有序地生活。

空间设计和图片提供： 武汉小小空间事务所

154

改造前平面图

改造后平面图

全屋收纳设计亮点

A 玄关： 借用部分原卫生间空间，在玄关定制内嵌储物柜。

B 餐厨空间： 将餐厨区作为公共空间的核心区，打通餐厅与厨房之间的隔墙，实现了双面使用的操作台与储物柜功能。

C 走廊： 在从动区通往静区的走廊上设置了儿童阅读区和家政区。

D 主卧： 将主卧阳台设置为机动空间，可以根据孩子不同阶段的成长需求，切换不同的空间使用方式。

E 儿童房： 借用原主卧部分空间隔出儿童房，利用垂直空间，实现睡眠区、衣柜、书柜和书桌功能。

F 卫生间： 做三分离设计，在淋浴间增加一个小便池，缓解高峰期卫生间使用的紧张感，避免等待。

收纳设计 1　玄关

内嵌式储物柜组合悬挂收纳区，解决玄关收纳难题

原户型开门直接面对开放式厨房，缺乏玄关储物空间。设计师借用卫生间部分面积，设计了内嵌式储物柜。两面高柜组合中部镂空的设计，可满足一家四口人的鞋子以及进出门杂物的收纳需求。

在玄关靠近厨房的一侧设计了一面从天花板延伸至墙面的 L 形木饰板，用来界定空间，划分出独立的玄关。结合挂钩与置物架，方便悬挂拖鞋和包包等，还可以摆放装饰品。

收纳设计 2　餐厨空间

将厨房与餐厅打通，储物空间翻倍

优化格局后，餐厨空间成为整个公共区域的中心。厨房为开放式设计，打通与餐厅之间的部分墙面作为窗洞，台面既是厨房一侧的操作台，也是餐厅一侧的水吧，这里还可以作为传菜口，优化上菜动线。台面下方的柜体也做成了双面柜，面向餐厅一侧的可以作为餐边柜，上方的空间做了层板，用开放式的实木层板搭配统一的藤编收纳盒，方便收纳零碎的杂物，也为空间增添了一分温馨的烟火气。

📢 收纳设计：操作台可双面使用，一面做厨房吊柜、地柜；一面做餐边收纳柜，上面设计成层板收纳

◎ 尺寸细节：操作台的深度为 90 cm

　　除了对厨房家电提前进行内嵌处理外，设计师也很注重厨房的收纳细节，比如抽油烟机旁的磁吸式调料盒以及墙面的挂杆，让所有物品上墙，保证了台面的清爽与充足的操作空间。

📢 收纳设计：抽油烟机右侧的挂杆收纳区，收纳厨房工具及杂物，保证台面整洁

用餐和工作空间，藏满了收纳小细节

女主人曾是绘本馆的负责人，也是一位芳疗师，餐厅是她平日里绘画、做手工和精油护理的地方。餐桌另一侧放置了一个成品收纳柜，抽屉、平开门、开放格的设计，方便进行物品精细化分类收纳。层板上摆满了她的画作、手工玩偶。

收纳设计 3　走廊

亲子阅读区结合家政区，将鸡肋走廊变废为宝

改造后的户型动静分离，通往静区的走廊也没有浪费，打造成了亲子阅读区和家政区。整个走廊采用一体化设计，整面墙的储物柜用来收纳日用品，阅读区的卡座以及家政区的洗衣机都内嵌其中。

亲子阅读区采用卡座搭配软垫的设计，保证了阅读时的舒适性，下方还有超大收纳空间。上方采用层板组合吊柜两段式设计。开放式层板上可以放置常看的书籍，层板下方内嵌灯带，保证了阅读时拥有良好的光环境。家政区洗衣机和烘干机并排放置，四周的柜体收纳能力十足。

◎尺寸细节：家政柜的进深为 60 cm

◎尺寸细节：卡座长 1.2 m，进深 70 cm，高 40 cm

收纳设计 4　主卧

开放式衣橱与多功能阳台结合，打造成长式主卧

　　目前弟弟年龄尚小，需要同父母住在一起，双人床一侧刚好安放儿童床。利用原户型墙体凹陷处，设计内嵌式衣柜，衣柜采用了壁挂式衣架搭配拉帘的形式，加上活动抽屉与收纳袋，储物量惊人。设计师在阳台的转角处为男主人预留了一个独立的游戏区，打游戏时不用担心影响孩子学习。

还可以根据孩子不同成长阶段的需求，切换不同的模式。第一种模式：等到弟弟上小学时，在原本的游戏区放置单人床，即可让弟弟拥有独立的睡眠空间，同时在左下角添置桌椅，方便学习。第二种模式：等到哥哥上大学后，儿童房就给弟弟使用，男主人又可以重新拥有自己的娱乐区，左下角的空间则可以增加柜体，补充收纳。

第一种模式

第二种模式

收纳设计 5　儿童房

利用垂直空间，打造全能儿童房

儿童房是从原主卧中隔出的一个小空间，面积不大，设计师充分利用垂直空间，打造了高低床和攀爬柜。柜体本身既能收纳，又可以作为楼梯使用，还增加了空间的趣味性。在适当的位置增加楼梯扶手，以保证安全。床下空间是学习区与衣柜，空间不大，却极具功能性。

◎尺寸细节：衣柜宽 1.2 m，
进深 60 cm，高 1.7 m

160

收纳设计 6　卫生间

小户型也能拥有三分离卫生间

这个家居住体验改善最为明显的空间要属卫生间了。原卫生间面积非常小，为了扩大空间、解决高峰期排队的问题，设计师将卫生间沿墙面向客餐厅方向延伸，将如厕区、洗漱区、沐浴区三个空间独立，实现了完全的三分离。

洗漱区做整面墙的悬挂式收纳，小到牙刷、毛巾，大到清洁工具，全部上墙收纳。在色彩搭配上，尽量选择白色系物品，确保视觉上整齐干净。由于家里的男性成员占大多数，所以设计师利用淋浴间墙面空间，增加了一个小便池，可缓解高峰期卫生间使用紧张的问题。

收纳设计：洗漱用品统一采用悬挂式收纳

案例 11

66 m² 住三代五口人，
巧妙解决共居难题，还腾出一间
独立音乐房

使用面积： 66 m²

房屋类型： 四室一厅两卫

家庭成员： 夫妻 2 人、孩子
1 人、父母 2 人

设计师： 刘阳

设计关键词： 流线型设计、
克莱因蓝、独立音乐房

这是一个拥有五口人的三世同堂家庭，音乐是一家人的共同爱好。在这个使用面积仅为
66 m² 的住宅内，设计师为业主打造了一间音乐房，并将其作为串联起整个家庭的兴趣空间，
借助流线型设计，并搭配纯净的克莱因蓝，为空间注入无限弹性和活力。

空间设计和图片提供： 戏构建筑设计工作室

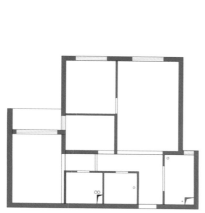

改造前平面图

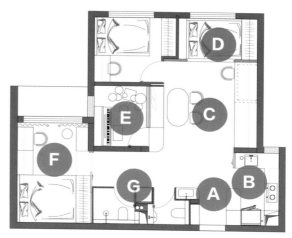

改造后平面图

全屋收纳设计亮点

A 玄关： 从玄关到走廊，依次定制鞋柜、卫生间干区、家政间，家务动线流畅，收纳能力满满。

B 厨房： 采用 U 形布局，增加台面空间；充分利用缝隙进行收纳，小空间也不能放过。

C 客餐厅： 用储物柜、办公区代替传统电视墙，在餐厅设计卡座，餐桌可以收纳到书桌下方。

D 老人房： 榻榻米设计，集睡眠与储物为一体。

E 音乐房： 隔声半墙搭配透明玻璃，可收纳家中所有乐器。

F 主卧： 采用榻榻米、衣柜、梳妆台一体化设计，最大化利用空间。

G 卫生间： 做三分离、双坐便器、双台盆设计，日常物品全都能塞下。

收纳设计 1　玄关

集约式入户储物搭配走廊家政区，释放开阔空间

　　走进这个家，在玄关处就有豁然开朗的感觉。业主一家对收纳的要求极高，于是设计师在入户两侧设置了大量的储物空间，为了减少物品外露，只有部分鞋柜与临时存放区没有设置柜门，创造出极易维护的理想化玄关。家务区也汇集在走廊一侧，创造出系统性的功能空间。

收纳设计 2　厨房

开放式厨房搭配 U 形台面，利用缝隙巧收纳

　　玄关一旁是厨房，开放式设计增加了家人之间的互动性。厨房为 U 形布局，增加台面空间的同时，缩短了家务动线。冰箱上方和侧面的缝隙空间也没有浪费，被统一规划为储物柜。

🚀 收纳设计：灶台旁做开放格子，方便随手拿取常用物品

收纳设计 3　客餐厅

集工作、休闲、用餐为一体的多功能公共空间

这个家模糊掉了客厅的概念，用一个集工作、休闲、用餐、娱乐为一体的开放式活动空间代替传统的客厅。餐桌一侧设置卡座，卡座下方为收纳空间，能藏起生活中的琐碎物品。

因为一家人都没有看电视的习惯，设计师用投影仪代替电视机，可满足业主偶尔的视听需求；超长的工作台可供夫妻二人同时工作、学习，上方的木质柜格可以摆放书籍和手办，让这里成了个性化的展示空间。原木色与白色搭配，丰富空间层次感，避免了单调乏味。

　　设计师计算好尺寸，让餐桌可以完美地藏在书桌下方，为空间提供了另一种变换的可能。将餐桌收起后，业主一家可以拥有宽敞的空间一起玩音乐，甚至还可以放置下一个小型台球桌，为未来生活增添了无限的可能性。

🚀 收纳设计：餐桌可以收纳在书桌下方，不占空间

收纳设计4　老人房

榻榻米与隐形推拉门组合，凭空变出老人房

设计师在客厅尽头设置了老人房，老人房为榻榻米设计，通过推拉门的形式提供了两种居家模式：白天打开推拉门是休闲模式，不影响公共空间的采光；夜晚闭合推拉门变为居住模式，作为睡眠空间。

📌 收纳设计：在客厅尽头做榻榻米，与推拉门组合，凭空多出一间卧室

收纳设计 5　音乐房

玻璃代替墙体，打造艺术之家的专属音乐室

拥有一间隔声的音乐房，是一家人不妥协的需求，设计师在屋子的中心位置设计了一间音乐房，并在音乐房和餐厅之间开了一扇室内窗，确保空间的通透感与互动性。音乐房整体使用隔声材料，这里专门用来收纳业主一家的乐器，是电钢琴、架子鼓的专属空间。

收纳设计 6　主卧

卧室是极简的白色空间，让收纳统统隐形

设计师将白色作为整个空间的主色调，这点在卧室上体现得尤为纯粹。由于卧室的宽度放不下一个落地衣柜，所以设计师将衣柜设计在床尾，做了榻榻米一体化的设计，无把手设计让柜门更加简洁。

蓝色的门是卧室的视觉焦点，弱化了两侧白色储物柜的体量，左侧做了内嵌式梳妆台，抽屉式书桌配合吊柜进行收纳，$1 m^2$ 也足以满足所需功能。

📌 收纳设计：为了与衣柜深度取齐，设计师加深进门深度，在左侧顺势内嵌定制梳妆台

收纳设计 7 卫生间

两个卫生间、两个洗漱区，解决三代人共居难题

　　卫生间的使用问题是三代人共居的难点，设计师将坐便区、洗漱区、淋浴间分离开来，又在淋浴间内增加了一个坐便器，实现了双卫生间的功能。走廊洗漱区、坐便区、家政区、淋浴间依次排开，布局紧凑，功能强大。在坐便区和淋浴间内部，双坐便器与双台盆的设计，完美解决了高峰期卫生间的使用问题。

案例 12

77 m² 两人世界，装出 10 个功能区，暗藏超多收纳细节

建筑面积： 77 m²

房屋类型： 两室一厅一卫

家庭成员： 夫妻 2 人

设计师： 黄丹欣

设计关键词： 开放式布局、巧用玻璃砖、开放式 U 形衣帽间

业主两人爱好广泛，喜欢在家里聚会，喜欢日式的装修风格。因为工作的性质，他俩平时宅在家的时间比较长，所以需要舒适、收纳充足的居住空间，但是他们的家建筑面积只有 77 m²，进门处没有玄关，厨房和卫生间的面积都很小，无法满足夫妻俩的居住需求。

空间设计和图片提供： 欣然设计

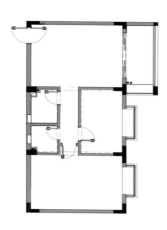

改造前平面图

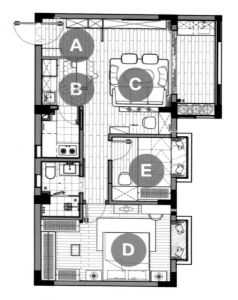

改造后平面图

全屋收纳设计亮点

A 玄关： 借助玻璃砖对空间进行区隔，从无到有打造入户玄关，玄关柜和电视墙为一体化设计，贯穿整个公共空间。

B 餐厨空间： 扩充厨房面积，增加西厨操作空间，将西厨与餐厅相结合，提高空间利用率。

C 客厅： 借用次卧部分空间，在客厅增加工作区，让公共空间更显宽敞。

D 主卧： 利用三面柜体围合出 U 形衣帽间，净衣、次净衣都能分类收纳好。

E 次卧： 采用经典的榻榻米设计，将榻榻米侧面设计成收纳抽屉，物品拿取方便，不浪费一点空间。

收纳设计 1 玄关

通透玻璃砖与隐藏式屏风组合，放大入户视觉空间

原户型没有玄关，进屋即对空间一览无余，设计师为了提高隐私性，同时保证空间的通透感，别出心裁地借用玻璃砖隔出玄关区域，并定制了一扇可推拉的隐形屏风，对玄关区域进行分隔，屏风收起后可以完全隐藏在柜体缝隙中，让入户视野更加开阔。

进门右手边是重新布局后的餐厨空间，设计师采用超薄玻璃砖代替传统隔墙，节省出来的空间可以用于增加餐厨的操作台面，同时保证了空间的通透感与颜值。玻璃砖墙和隐藏式屏风，让这个原本进门即一览无余的家拥有了独立且通透的门厅。

收纳设计 2　餐厨空间

中西厨分离结合岛台设计，"麻雀虽小，五脏俱全"

　　设计师在原餐厅区域增加西厨空间，做了西厨、餐厅一体化的复合空间。中西厨分开，既能有开放式厨房的通透视野，又不惧怕油烟。在 L 形的中厨内部，设计师根据业主的使用需求提前精准布局，预留了洗碗机、烤箱、直饮机、净水器、微波炉以及冰箱的位置。前期这样的规划很有必要，只有设计合理的厨房才可以让人充分享受到小家电带来的便利。

🚀 收纳设计：提前规划厨房电器种类以及位置

在沙发背后定制半高薄柜，区分工作区和休闲区

借用部分次卧空间，设计师在客厅的沙发后设计了一个迷你工作区，用一组半高的薄柜连接了客厅原本的承重墙，以此与休闲区做了功能分隔。薄柜上方可以置物，业主放置了自己改造的"电视鱼缸"。

工作区面积不大，书桌上方借用内嵌式吊柜增加收纳空间，弱电箱和路由器也都隐藏在柜体中，保证了空间的美观性。设计师很注重细节，在吊柜左下角预留了一个小开放格和电源，增加使用的便利性。整个工作区虽然只有 1 人位空间，却可以满足办公与储物的需求。

鞋柜、工具柜、电视柜三合一，小户型也能拥有超多储物空间

从工作区望向客厅，视野通透，方便家人间交流互动。整个储物柜从玄关延伸至客厅，集鞋柜、工具柜、电视柜等多种功能为一体，拉长了空间比例，无形中放大了视觉空间。玄关柜和电视柜一样的进深，增强了空间的整体性，原木色、白色和黑色的搭配又避免了空间的单调与沉闷。

◎尺寸细节：玄关柜和电视柜深度统一为 40 cm，让空间显得更整体

收纳设计 4 主卧

巧用三面衣柜，围合出开放式 U 形衣帽间

在主卧，设计师巧用三面衣柜围合出了一个 U 形衣帽间，集中收纳衣物，更好地释放睡眠空间。设计师特别将其中一面衣柜做成了开放式的，用来挂常穿的衣物或次净衣，拿取更方便。床头背景墙的分色乳胶漆与衣帽间的柜体颜色相呼应，通过这个设计手法，拉长空间的比例，同时弱化柜体的厚度。

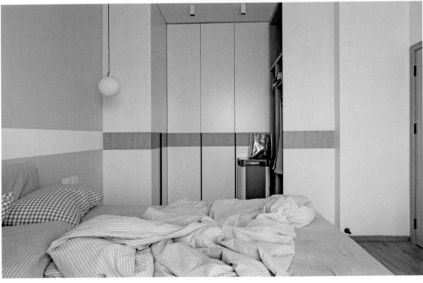

收纳设计 5　次卧

榻榻米、衣柜、书桌一体化设计，小房间也能有多重功能

次卧是经典的榻榻米搭配衣柜和书桌的一体化设计，是小户型空间利用率较高的布局方式。需要注意的是榻榻米最好不要全部做上翻式储物，在侧面做一排抽屉，会更方便拿取物品。

书桌上方的吊柜分为两个部分：靠顶的部分与衣柜保持一致的进深，放置不常用的物品；靠下的部分的高度更适合放随手拿取的物品，做了进深较浅的开放格，避免站立时磕碰到头。

◎尺寸细节：衣柜深度 60 cm，书桌吊柜与衣柜深度一致

案例 13

家居博主 73 m^2 的家：把空间"压榨"到极致，还装了一个"宠物乐园"

建筑面积：73 m^2

房屋类型：两室两厅一卫

家庭成员：夫妻 2 人

设计师：妍小猫

设计关键词：下沉式设计、钻石形转角柜、多功能电视柜

妍小猫是一位家居博主，留学回国后，她选择回到自己喜欢的城市定居，花尽心思打造了自己的理想家。外婆、外公曾是生物系教授，耳濡目染下，她也喜欢小动物一直伴随左右。这个建筑面积为 73 m^2 的家虽然不大，但是通过她的合理布局和精心装饰，既兼顾了功能性，又成了有趣的"宠物乐园"。

空间设计和图片提供：妍小猫

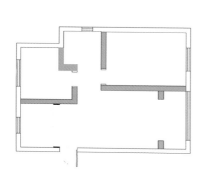

改造前平面图

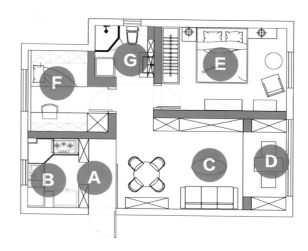

改造后平面图

全屋收纳设计亮点

A 玄关：用两面定制柜代替厨房与玄关之间的隔墙，节省空间的同时，增加玄关储物面积。

B 厨房：采用 U 形布局，搭配钻石形转角柜，增加操作台面与收纳空间。

C 客厅：多功能电视墙与宠物乐园一体化设计，收纳空间和趣味性都翻倍。

D 阳台：榻榻米阳台兼具晾晒、休闲、储物以及书房功能。

E 主卧：折叠门与内置金属框架衣柜，将柜体内部的空间利用率最大化。

F 次卧：充分利用吊柜增加收纳空间，实现了独立书房、次卧二合一的配置。

G 卫生间：镜柜搭配壁龛，增强收纳能力。

收纳设计 1 玄关

下沉式玄关搭配灵活性收纳设计，增加储物空间

业主家的净高是 2.65 m，通过整体垫高 13 cm 的地台，实现了下沉式玄关，避免进门处和厨房的污渍被带到客厅、卧室。在入户左侧做了两个到顶的储物柜，以此来分隔空间，柜内可以放下 50 双鞋子和 20 只包包，业主还巧妙利用洞洞板及各种收纳配件，做了入户门以及对面墙面的补充收纳，既美观又实用。洞洞板下方放了折叠梯凳，既可以作为换鞋凳，又便于拿取高处的物品。

尺寸细节：净高 2.65 m，通过室内整体垫高 13 cm 的地台实现下沉式玄关

收纳设计：通过收纳柜、洞洞板、折叠梯凳等灵活收纳设计，让空间收纳容量翻倍

收纳设计 2 厨房

利用 U 形台面和钻石形转角柜，打造高效厨房

由于拆掉了原厨房入口两边的墙体，做成鞋柜墙，厨房的空间变得非常有限。厨房入口没有安装门，不仅节省空间，还可以在门口放一个垃圾桶。提前预留电器的位置，并做内嵌式处理，将常用的调味料与烘焙工具尽量都收纳在墙上，整个空间显得非常干净。

🏹 收纳设计：将垃圾桶放在门口处，转角处定制了钻石形橱柜，多出一个操作台。利用洞洞板结合层板，做垂直收纳，高效利用空间

厨房另一侧做了高柜，柜内嵌入双开门冰箱，四周的储物柜也根据业主的使用需求进行了合理且细致的划分。把最下方的柜子做成调味小推车，拉出来可以随意拿取调料，方便烹饪，推进去与橱柜合为一体。

将客厅划分为三大功能区，满足多种场景需求

原户型中没有餐厅，客厅需要满足餐饮、休闲以及工作的需求。业主决定打通阳台，并将其并入客厅，再把客厅分为三个独立的功能区。在餐厅简单放置一张圆桌，靠墙是一个储物能力强大的餐边柜，上下区域可放餐具和零食、酒水，中间台面用来收纳各类小电器，让餐厅成为享受下午茶的小角落。

将电视背景墙打造成宠物乐园

客厅在阳台和餐厅中间，空间较小，业主简单放置了一个 2 m 长的沙发，借用阳台的榻榻米与餐厅的餐椅，使其变为一个可多人围坐的客厅区。沙发对面是定制的整墙开放式电视柜，不仅收纳得下业主所有的手办和游戏装备，还是一个"宠物乐园"。

宠物乐园有四层，喜欢住在高处且身手敏捷的猫咪住四层，年纪较大又胆小的狗狗住一层，需要恒温箱的蜥蜴住在三层，二层是蛇的家，家里的宠物就这样被"收纳整理"了。

收纳设计 4　阳台

隐形式晾衣架和极致收纳，成就榻榻米阳台

在"寸土寸金"的上海，业主不希望阳台只能用来晾衣服。为了实现真正的隐形晾衣，她在阳台的天花板上设计了一个长 185 cm、宽 50 cm、深 26.5 cm（具体尺寸根据隐形衣架的安装要求而定）的凹槽，刚好把衣架嵌进去。用的时候拉出，不用的时候收起，隐藏在凹槽内，和顶面成为一体。

尺寸细节：晾衣架凹槽 185 cm×50 cm×26.5 cm（长×宽×深）

业主希望办公时有家人和宠物的陪伴，于是将书房设计在了阳台。阳台做日式榻榻米，日常不用的杂物都放在箱体内，这里还预留了书桌的位置，书桌对面是定制的清洁收纳柜，用来放吸尘器、药箱和宠物用品等。榻榻米还可作为茶室，业主可倚靠在榻榻米上享受惬意的午后时光。

收纳设计：在阳台另一侧做清洁收纳柜，吸尘器、药箱、宠物用品等都可以收纳在内

利用折叠门和金属置物架，现场搭出实用衣帽间

　　主卧面积只有 12 m²，衣柜采用了金属置物架搭配折叠门的方式，最大化利用收纳空间。靠窗一侧依次放下了梳妆台、边几、按摩椅以及一个小书柜，合理的动线布置搭配合适的软装，房间虽小，但也"五脏俱全"。

收纳设计 6　次卧

次卧统一做全屋定制柜，调整不规则格局

7 m² 的次卧形状不规则，需要兼顾独立书房与卧室的功能，因此业主决定采用全屋定制，通过定制床、书桌及两侧的吊柜来增加收纳空间。书桌和梳妆台在一侧，通过高低落差分隔空间，靠门处还做了一个小小的步入式衣柜。

收纳设计 7　卫生间

通过合理布局，小卫生间也能拥有大功能

家里只有一个卫生间，要同时满足洗漱、如厕、洗衣、沐浴等需求，因此需要精心布局。卫生间采用不占空间的三联动长虹玻璃移门；下沉式设计能有效隔离水渍，避免不必要的清扫。洗漱区镜柜搭配壁龛，增强收纳能力。洗衣机与烘干机叠放，省出的空间可以设置成一间淋浴房。

案例 14

论日式收纳精髓，我只服
上海这个 55 m² 的一居室

建筑面积：55 m²
房屋类型：一室两厅一卫
家庭成员：夫妻 2 人
设计公司：TK and JV
设计关键词：日式玄关储物间、
日式壁橱收纳法

如何合理配置收纳空间，才能让小面积住宅容纳更多的生活用品？如何花很少的时间就能实现轻松整理？是不是多打一些储物柜就能解决问题？如果面积本来就不大，还能用什么办法来解决？这个位于上海的 55 m² 小户型，为我们展示了一番日式收纳美学。

空间设计和图片提供： TK and JV

改造前平面图

改造后平面图

全屋收纳设计亮点

A 玄关： 在保留原鞋柜的基础上，在另一侧隔出一个小仓库，增加了入户收纳空间。

B 餐厨空间： 打通厨房和餐厅，做开放式餐厨空间，沿墙定制橱柜和家政柜，保证收纳空间的同时，缩短了家务动线。

C 客厅： 储物柜结合办公区一体化设计，代替传统电视墙，打造储物型办公空间。

D 主卧： 用石膏板隔出衣柜空间，衣柜内部用层板实现分区收纳；在阳台一角定制书柜和写字桌，充分利用边角空间。

收纳设计 1　玄关

原户型无玄关，设计师凭空隔出一个小仓库

原户型无玄关，只在一侧有一个嵌入式鞋柜。设计师重新规划空间，在入户另一侧隔出一个 1 m² 的仓库，储物间内部采用了宜家的博阿克塞收纳系统，后期可以根据业主的实际使用需求，自由配置搁板、收纳篮、挂钩等。保留入户嵌入式鞋柜的下半部分，用于收纳拖鞋以及出门要用的小物件。此外，设计师充分利用玄关与餐厨之间的通道宽度，沿墙摆放了一个餐边柜，可以收纳水杯、小电器等，充分释放厨房空间。

收纳设计 2　餐厨空间

打造开放式餐厨一体空间

将原本封闭的厨房打开，与餐厅并到一个区域。餐桌居中摆放，做饭的时候，餐桌可以作为中岛使用。设计师沿墙定制了橱柜与家政柜，整个空间布局紧凑，保证收纳空间的同时，缩短了家务动线。水槽采用大单槽搭配沥水架设计，洗完碗后就近沥水，避免了台面滴落水渍造成的重复劳动。

📌 收纳设计：水槽用单槽，搭配沥水架，节省台面空间

收纳设计 3　客厅

舍弃传统电视墙，打造储物型办公空间

客厅要满足多种功能需求，因为女主人是教师，经常需要在家里备课、办公，可升降的电脑桌、打印机、复印机等小型办公用品都是必备的，还要收纳不少书籍。设计师舍弃传统电视墙，在客厅打造了一个开放格与封闭式收纳相结合的书柜，每样物品都有了安置的地方，同时将升降电脑桌嵌入预留的书柜空位中。

收纳设计 4　主卧

不做传统衣柜，用日式壁橱收纳法增加储物空间

　　主卧没有定制或者购买成品衣柜，而是依据日式壁橱收纳法来设计。用石膏板隔出需要的衣柜空间，内部只做一块层板，用来区分上下收纳空间，衣物大都采用悬挂式收纳，搭配四折两扇的折叠门，方便进行收纳整理。卧室的阳台不只是休闲空间，设计师借助房梁的宽度在这里打造了一个小书柜，并在内侧的凹陷处定制写字桌，女主人可以在这里享受属于自己的安静角落。

🚀 收纳设计：借助房梁宽度定制书柜、书桌

设计公司名录（排名不分前后）

涵瑜设计

境相设计

安之见舍

妍小猫

理居设计

木哉设计

大海小燕设计工作室

宏福樘设计

七巧天工设计

厦门磐石空间设计

XYZ 设计工作室

欣然设计

拾光悠然设计

武汉小小空间事务所

本空设计

云深空间

TK and JV

戏构建筑设计工作室